U0188432

工程科技发展战略研究丛书

中国工程院院士科技咨询专项
上海市软科学研究计划 联合资助

燃气轮机发展战略研究

闻雪友　翁史烈　翁一武　等　编著

上海科学技术出版社

图书在版编目(CIP)数据

燃气轮机发展战略研究 / 闻雪友等编著. —上海：
上海科学技术出版社,2016.8
(工程科技发展战略研究丛书)
ISBN 978 - 7 - 5478 - 3085 - 7

Ⅰ.①燃⋯ Ⅱ.①闻⋯ Ⅲ.①燃气轮机-发展战略-
研究 Ⅳ.①TK47

中国版本图书馆 CIP 数据核字(2016)第 113131 号

燃气轮机发展战略研究
闻雪友　翁史烈　翁一武　等　编著

技术编辑　张志建　陈美生
责任校对　李瑶君
封面设计　赵　军

上海世纪出版股份有限公司
上海科学技术出版社　出版
(上海钦州南路 71 号　邮政编码 200235)
上海世纪出版股份有限公司发行中心发行
200001　上海福建中路 193 号　www.ewen.co
苏州望电印刷有限公司印刷
开本 787×1092　1/16　印张 8.75　插页 4
字数 200 千字
2016 年 8 月第 1 版　2016 年 8 月第 1 次印刷
ISBN 978－7－5478－3085－7/TK · 17
定价：50.00 元

本书如有缺页、错装或坏损等严重质量问题,请向工厂联系调换

内 容 提 要

　　燃气轮机在电力、能源开采和输送、分布式能源等领域都有着不可替代的战略地位和作用。本书基于燃气轮机的研究背景、学科背景,从国内外燃气轮机发展历程、现状及趋势入手,对重型燃气轮机性能、燃料状况、知识产权等进行了详细分析,并提出了我国燃气轮机的发展建议。

　　本书内容详细、数据丰富,可供燃气轮机行业管理决策人员及技术人员参考阅读。

"工程科技发展战略研究丛书"
学术顾问

徐匡迪　中国工程院院士、中国工程院主席团名誉主席

周　济　中国工程院院士、中国工程院院长

潘云鹤　中国工程院院士、浙江大学教授

徐德龙　中国工程院院士、中国工程院副院长

钟志华　中国工程院院士、中国工程院秘书长

翁史烈　中国工程院院士、上海交通大学教授

杨胜利　中国工程院院士、中国科学院上海生命科学研究院研究员

郭重庆　中国工程院院士、同济大学教授

金东寒　中国工程院院士、上海大学研究员

朱能鸿　中国工程院院士、中国科学院上海天文台研究员

龚惠兴　中国工程院院士、中国科学院上海技术物理研究所研究员

贲　德　中国工程院院士、中国电子科技集团公司第十四研究所研究员

钱旭红　中国工程院院士、华东理工大学教授

沈祖炎　中国工程院院士、同济大学教授

孙晋良　中国工程院院士、上海大学教授

张全兴　中国工程院院士、南京大学教授

闻玉梅　中国工程院院士、复旦大学上海医学院教授

盖钧镒　中国工程院院士、南京农业大学教授

"工程科技发展战略研究丛书"编委会

主　编

翁史烈　杨胜利

编　委

林忠钦　李同保　俞建勇　钱　锋

金　力　吴国凯　寿子琪　李仁涵

马兴发　高战军

编委办公室

何　军　毛文涛　罗永浩　翁一武

顾锡新　邱鲁燕

主编单位

上海市中国工程院院士咨询与学术活动中心

中国工程科技发展战略研究中心(上海)

本书编写人员

闻雪友　中国工程院院士、中国船舶重工集团公司第七〇三研究所研究员

翁史烈　中国工程院院士、上海交通大学教授

翁一武　上海交通大学教授

王玉璋　上海交通大学副教授

姚尔昶　上海电气集团股份有限公司教授级高级工程师

刘慧萍　上海市发展改革研究院教授级高级工程师

胡立业　华东电力试验研究院有限公司，教授级高级工程师

高顶云　上海航天能源股份有限公司研究员

薄泽民　上海交通大学博士研究生

吕小静　上海交通大学博士研究生

王羽平　上海交通大学博士研究生

刘宏钊　上海交通大学博士研究生

丛书序

习近平总书记在 2014 年两院院士大会上强调指出：中国科学院、中国工程院是国家科学技术思想库。两院要组织广大院士，围绕事关经济社会及科技发展的全局性问题，开展战略咨询研究，以科学咨询支撑科学决策，以科学决策引领科学发展。

当前，世界范围内的新一轮科技革命和产业变革加速演进，信息技术、生物技术、新材料技术、新能源技术广泛渗透，带动以绿色、智能、泛在为特征的群体性技术突破。重大颠覆性创新不断涌现。世界各大国都在积极强化创新部署，创新战略竞争在综合国力竞争中的地位日益重要。科学发展需要科学决策，科学决策需要科学咨询。面对复杂多变的国际环境和国内发展形势，破解改革发展稳定难题、应对国内外复杂问题的艰巨性前所未有，迫切需要健全中国特色决策支撑体系，大力加强中国特色新型智库建设。

中国工程院是国家工程科技界最高荣誉性、咨询性学术机构，是国家的工程科技思想库。围绕国家经济社会发展中的重大工程科技问题开展战略研究，支撑重大问题的科学决策，这是国家赋予中国工程院的重要任务，党中央、国务院寄予很大期望。

中国工程院在 20 多年的咨询工作中，积累和形成了六条宝贵经验：一是服务国家重大战略需求，是中国工程院组织开展战略咨询的根本出发点；二是振兴中华的强烈社会责任感和历史使命感，是激励广大院士以战略咨询服务国家发展的不竭动力；三是基于科学的调查研究提出客观独立的咨询意见，是中国工程院开展战略咨询的重要特色；四是战略研究与咨询服务各方面工作综合协调、统筹兼顾，是战略咨询取得成效的重要基础；五是发挥战略科学家的核心作用、组织多种形式的咨询团队，是战略咨询取得成效的关键因素；六是注重调查研究、强调科学求真、倡导学术民主，是战略咨询取得成效的重要保障。这些经验对于我们在新形势下进一步加强中国特色新型智库建设具有重要的借鉴意义。

上海作为改革开放的排头兵、创新发展的先行者，在全面实施长江经济带发展战略，大力建设国际经济、金融、贸易和航运中心的过程中重任在肩。加强与上海乃至长三角地区的科技合作，也是中国工程院思想库建设的重要组成部分。早在 2001 年，中国工程院就率先与上海市人民政府成立合作委员会，组建了上海市中国工程院院士咨询与学术活动中心（简称"上海院士中心"）。上海院士中心充分发挥院士专家智囊团作用，深耕工程科技领域决策咨询，一系列咨询研究成果广获各方赞誉，影响力逐步辐射国内外。2012 年，为进一步深化院市合作，为上海、区域乃至国家经济社会发展提供前瞻性、战略性、全局性的咨询意见和决策依据，双方又成立了中国工程科技发展战略研究中心（上海）（简称"上海战略中心"）。数年来，上海战略中心不辱使命，开展了一系列战略咨询，形成了一系列汇聚着院士专家智慧的研究成果。

近日，上海战略中心策划将近年来的咨询成果集结为"工程科技发展战略研究丛书"出版。丛书立足上海，面向全国，紧密围绕我国工程科技发展的关键领域和上海建设具有全球影响力的科技创新中心的战略布局，围绕若干工程科技领域发展的咨询研究成果，为上海科创中心建设和国家工程科技发展提供了前瞻性、战略性和全局性的智库支撑。

丛书各辑由长期活跃在相关领域第一线的院士专家主导研究，在翔实的研究成果基础上凝练出切实可行的发展战略建议。丛书汇聚了上百名院士专家的集体智慧，具有较强的原创性、权威性、实用性和前瞻性，可为从事相关研究领域的工程科技人员提供研究参考，亦可为工程科技战略规划提供决策咨询。

最后，衷心感谢为丛书的出版付出辛勤努力的各位院士专家。

2016 年 5 月 17 日

丛书前言

为充分发挥院士的智囊作用，促进地方经济发展和工程科学技术水平的提高，中国工程院与上海市人民政府充分依托和发挥上海特殊的地域、经济，以及院士多、专业覆盖面宽的优势，于2001年7月成立合作委员会，并在合作委员会的领导下创建了上海市中国工程院院士咨询与学术活动中心。2012年12月，为进一步深化院市双方战略咨询合作、推动区域工程科技思想库建设，双方成立了全国首个工程科技领域的地方咨询机构——中国工程科技发展战略研究中心（上海），旨在充分发挥区域工程科技智库功能，积极组织院士专家围绕事关科技创新发展全局的长远问题，为上海、长三角乃至国家相关部门科技决策提供准确、前瞻、及时的建议。中国工程科技发展战略研究中心（上海）的建立，对于发展现代科技服务业具有重要的探索和示范作用，对于支撑国家工程科技思想库建设也有重大意义。

中国工程科技发展战略研究中心（上海）自成立以来已先后组织院士专家承担了近20项"中国工程院重点咨询研究项目"及"上海市软科学研究计划项目"，内容涵盖燃气轮机、海洋工程装备、医疗器械、大数据、集成电路、能源互联网、航空航天、智能制造、老龄化、生活垃圾处理以及上海具有全球影响力的科技创新中心建设等众多领域。每个项目均由中国工程院院士领衔，合作单位不仅有上海交通大学、复旦大学、同济大学、华东理工大学、上海大学、中国航天科技集团公司第八研究院（上海航天技术研究院）、上海社会科学院等高校和研究机构，还有中国商用飞机有限责任公司、中航商用航空发动机有限责任公司、中信泰富特钢集团等大型企业，以及上海市船舶与海洋工程学会等行业协会。在项目实施过程中，院士专家多次带队赴全国各地开展实地调研，深入了解当地相关领域产业发展情况，并召开系列研讨会和咨询会，集思广益、畅所欲言。所形成的咨询报告凝聚了上百位院士和专家的智慧与心血,在科学决策中发挥了重要作用。其中《燃气轮机发展战略研究》和《健康老龄化发展战略研究》等咨询成果在第一时间送交国务院、国家发展和改革委员会、工业和信息化部、科学技术部、国家能源局、国家卫生和计划生育委员会、中国工程院、上海市人民政府等国家和地方有关部门,为国家重大战略布局的科学决策提供了参考。

鉴于这些咨询报告资料丰富、理论体系完整、观点鲜明,具有较高的学术水平和应用参考价值,中国工程科技发展战略研究中心(上海)决定将这些咨询研究成果进行系统总结,以"工程科技发展战略研究丛书"的形式出版,以反映我国工程科技若干重点领域的科技发展战略成果。

当前,上海建设具有全球影响力的科技创新中心已经列入国家"十三五"规划纲要,是一项国家战略,建设的目标任务已十分明确,各项工作已经到了全面深化、全面落实的关键阶段,事关国家发展全局,任务艰巨繁重,必须解放思想、破解难题、改革攻坚。希望这套丛书的编辑出版,能为上海具有全球影响力的科技创新中心建设中的重大科技项目和重大创新工程布局等提供咨询建议,又能为建立与上海具有全球影响力的科技创新中心相适应的重大创新战略和重大科技政策等体制机制改革提供依据,也能为专家学者的研究工作和有关部门的战略决策提供参考。

最后感谢为丛书出版付出辛劳的各位院士专家!

2016 年 3 月

前　言

　　燃气轮机(gas turbine)产业是涉及国家能源的战略性产业,而燃气轮机是能源动力装备领域的高端产品。发展燃气轮机对我国先进制造业和先进能源技术的研究至关重要,同时对我国的国民经济发展有很大的推动作用。

　　燃气轮机有着极其广泛的应用,除了是国防装备中极其关键的设备之外,在国民经济的电力、能源开采和输送、分布式能源系统等领域有着不可替代的战略地位和作用。

　　目前,燃气轮机技术已经发展到了很高水平,先进的 J 级简单循环燃气轮机最大功率 470 MW、初温 1 600℃、效率接近 41%,联合循环燃气轮机最大功率 680 MW、效率 61%。燃气轮机产业已经高度垄断,形成了以美国通用电气(GE)、西门子、三菱、阿尔斯通公司为主的重型燃气轮机产品体系,以索拉透平(Solar)、GE、Z－M、R&R 公司为主的驱动用中小型燃气轮机产品体系,以 Capstone、Ingersoll Rand 和川崎等公司为主的微型燃气轮机产品体系。我国三大动力集团中的哈尔滨电气集团公司(简称哈尔滨电气)和美国 GE、中国东方电气集团有限公司(简称东方电气)和日本三菱集团、上海电气集团股份有限公司(简称上海电气)与德国西门子股份公司合资生产重型燃气轮机,但没有掌握核心设计技术。中小型和微型燃气轮机产品在国内近乎空白,国内市场基本被国外燃气轮机垄断。目前我国燃气轮机整体水平与国际先进水平相差很大,尚未形成严格意义上的燃气轮机产业,远未形成自主设计和制造先进燃气轮机的能力,总体水平落后约 20 年。

　　燃气轮机在我国已广泛应用于发电、天然气管线输送、石油化工、舰船动力和分布式供能系统等领域,我国已成为世界最大的燃气轮机潜在市场。截至2012 年年底我国重型燃机制造企业已出厂的 F/E 级燃机共计 153 台,截至 2011

年年底我国已安装投产的长输天然气管道燃气轮机驱动的机组为 146 台。

按规划,2015 年和 2020 年我国大型天然气发电容量分别为 30 000 MW 和 40 000 MW,重型燃气轮机有广阔的市场;"十二五"期间,我国仅天然气管线输送中小型燃气轮机的总需求量在 400～600 台;预计到 2020 年在全国规模以上城市推广使用分布式能源系统,装机规模达到 50 000 MW,其中相当部分采用微型燃气轮机。

燃气轮机发展在知识产权、市场、燃料资源、经济性和技术等方面具有一定的风险。国外燃气轮机巨头掌握了数量巨大的发明专利和商业秘密,有严密的知识产权法律保护体系。而我国基本上没有核心专利,燃气轮机自主研发过程中很可能发生知识产权冲突,如何进行规避的问题会越来越突出。

本书主要内容来源于中国工程院"长三角地区燃气轮机发展战略研究"课题的研究报告。本书从国际先进燃气轮机发展状况、我国燃气轮机产业现状和发展趋势、重型燃气轮机性能技术、燃气轮机燃料供应状况和燃气轮机知识产权保护等几方面进行分析、研究,介绍了我国燃气轮机领域的基本情况,并结合国家发展区域经济的战略,提出了我国燃气轮机发展主要建议:采用"市场经济,举国体制"。充分利用现有基础,调动各方面(官、产、学、研)(军、民)的优势,举全国之力,形成巨大的合力。成立由国家控股的燃机发展"责任主体",统筹燃气轮机基础研究、研发、设计、制造、总装调试、示范运行等工作。在现有的国内外合作机制的基础上,成立推进燃气轮机发展领导机构,统筹全国各方面相关资源,为燃气轮机专项的建设实施提供组织保障。推动开放式自主创新,加强国际合作。

作　者

2016 年 3 月

目　录

第 1 章
绪　　论

　　燃气轮机有着极其广泛的应用,在国防装备中,航空发动机、船用燃气轮机和陆用发动机是极其关键的设备,在国民经济中,特别是在电力、能源开采和输送、分布式能源系统等领域,燃气轮机也有着不可替代的战略地位和作用。

1.1 燃气轮机研究背景和工作回顾

1.1.1 研究背景

燃气轮机对我国能源结构调整和优化有重要的促进作用。我国天然气消费量不断增大,能源结构调整和优化力度不断加强,相对于煤来说,天然气发电更为清洁,我国天然气燃气轮机发电机组比例逐年增加,以集群式微型、中小型燃气轮机为特点的天然气分布式供能技术在 21 世纪将有很大发展。

燃气轮机是装备制造业的高端装备,产品的产业链很长,覆盖面十分广泛,上游涉及机械、冶金、材料、化工、能源、电子、信息等诸多工业部门,对各技术领域的技术发展具有巨大的促进作用。

鉴于发展燃气轮机的重要性,以及我国燃气轮机技术落后的现实,2012 年,中国工程院和中国科学院联合组织 52 位院士开展了"我国航空发动机和燃气轮机发展"的调研,调研报告获得了国家总书记和总理的高度重视,为设立"我国航空发动机和燃气轮机发展"重大专项打下基础。2012 年,上海市时任书记和市长一起到清华大学调研并讨论燃气轮机的合作事项,不仅体现了上海市委、市政府对发展燃气轮机的高度重视,还体现了上海市发展燃气轮机的迫切要求。

在上述背景下,中国工程院设立了"长三角地区燃气轮机发展战略研究"课题,通过课题的研究,将完成以下三个目标。

(1) 全面掌握我国尤其是长三角地区燃气轮机用户和使用情况,以及相关的燃气轮机研究和生产单位的基本情况。

(2) 分析我国燃气轮机发展存在的主要问题,为规划我国及长三角地区发展燃气轮机战略提供依据。

(3) 结合国家的发展计划,提出我国及长三角地区特色的燃气轮机总体发展目标、发展思路与建议。

1.1.2 工作回顾

课题组从 2013 年开始,就我国燃气轮机发展进行论证,实地调研考察了上海电气、东方电气、哈尔滨电气和南京汽轮电机(集团)有限责任公司(简称南汽),以及中国船舶重工集团公司第七〇三研究所(简称七〇三所)、浙江大学、杭州汽轮机股份有限公司(简称杭汽)、上海燃气(集团)有限公司、上海漕泾热电有限责任公司、无锡透平叶片有限公司(简称无锡叶片公司)和江苏永瀚特种合金技术有限公司(简称江苏永瀚公司)等企业,举行了"燃气轮机技术发展"、第 173 场中国工程科技论坛"中国燃气轮机发展前景"等会议,收集并分析了大量燃气轮机的相关资料,经过了多次与相关部门领导探讨,听取了有关部门及专家的意见,分析了国内外燃气轮机发展状况、重型燃气轮机技术性能状况、我国燃气轮机使用情况、燃气轮机知识产权状况、燃气轮机产业链上下游(燃料和用户)以及我国各地燃气轮机的优势,研究了燃气轮机发展实施方案,在体制机制、对策、技术路线和人才培养等四个方面提出了我国发展燃气轮机的若干建议。

课题组经过近两年的研究,提出了燃气轮机发展研究报告和若干建议,相关研究报告和若干建议已经通过中国工程院报送到国务院总理办公室、科学技术部(简称科技部)及有关单位,也报送上海市领导及有关单位。研究报告有关内容和建议获得了高度重视。

1.2 燃气轮机发展风险和机遇

1.2.1 发展风险

燃气轮机产业高度垄断,我国燃气轮机整体水平与国际先进水平相差很大,尚未形成严格意义上的燃气轮机产业,远未形成先进燃气轮机自主开发和制造的能力,总体水平落后约20年。

在我国重型燃气轮机生产方面,我国三大动力集团的汽轮机厂都和国外燃气轮机巨头合作,但目前还没有掌握核心设计技术、热端部件制造维修技术和控制技术。

国产中小型和微型燃气轮机尚无市场广为认可的产品,国内市场基本被国外燃气轮机垄断。

我国燃气轮机发展会遇到下面一些风险:

1) 知识产权风险

目前燃气轮机相关专利共有 50 028 件,美国申请的专利最多,有 15 361 件,约占专利总数的 31%。其次是日本、欧洲专利局、德国、英国等国家和组织。中国受理的专利有 1 984 件,约占专利总数的 4%。国外燃气轮机巨头掌握了数量巨大的发明专利和商业秘密,有严密的知识产权法律保护体系。而我国基本上没有核心专利,燃气轮机自主研发过程中很可能发生知识产权冲突,如何进行规避的问题会越来越突出。

2) 市场风险

截至 2015 年,国内燃气轮机的市场容量达到 300 亿元,国际市场容量则达到 2 700 亿元。我国现有燃气轮机装机容量为 3 400 万 kW,到 2020 年新增约 5 000 万 kW,到 2025 年燃气轮机装机容量将为 1.2 亿 kW,5 年内新增 3 600 万 kW,还有一定规模的国外市场需求。总体上,自主研发燃气轮机要进入市场将要面对国外同类产品的强力挑战。

3) 资源风险

我国天然气产量 2013 年为 1 210 亿 m³,进口量 534 亿 m³,预计 2020 年产量为 1 800～2 000 亿 m³、消耗量为 3 500 亿 m³。另一方面我国探明的天然气储量和进口的渠道也快速增加,特别是中亚地区的天然气。非常规气源(包括页岩气、煤气化和多联产产生的合成气等)2020 年总量可以达到 2 300 亿 m^3,因此燃气来源(包括天然气和非常规燃气)是有保障的。

4) 经济性风险

以课题组实地考察的上海漕泾热电有限责任公司为例,该公司拥有两台 GE9FA 燃气-蒸汽联合循环机组,按目前的定价机制,纯发电时仅微利,热电联供则效益显著。此外,还应考虑燃气轮机发电对减少排放的贡献。

5) 技术风险

燃气轮机的关键技术是买不来的,燃气轮机自主创新必须突破一系列关键技术,尽管难度很大,但要敢于承担风险。

1.2.2 发展机遇

我国有扎实的燃气轮机研发基础,有一批燃气轮机研究、生产制造和产品配套的企业,包括东方电气、哈尔滨电气、上海电气、南汽、杭汽、无锡叶片公司、江苏永瀚公司等,在科研方面有清华大学、上海交通大学、西安交通大学、上海大学、上海发电设备成套设计研究院、南京航空航天大学和浙江大学等。

三大动力基地的燃气轮机产业条件好,为国产燃气轮机试制曾作出许多贡献。还拥有门类齐全的机械、材料、能源、电子信息等各类骨干企业,具有工业产品设计—试验—验证—生产—应用等较为完善的产业链,有很强的燃气轮机产业的上下游配套能力。

我国有专业人才队伍优势,目前已初步集聚形成了一支燃气轮机研制专业人才队伍。在吸引人才方面,上海具有特殊的优势,已吸引了一大批全国乃至全球高端人才落户。

燃气轮机在电力工业中占据重要地位。随着我国经济进一步增长,电力工业进一步发展,发电装机容量仍有很大发展空间。据预测到 2030 年我国发电总装机将再翻一番,约达到 25 亿 kW。燃用天然气的燃气蒸汽联合循环效率高达 60%~61%,由燃气轮机组成的热电冷多联供系统的能源利用效率可达 75%,是分布式供能系统的主要选择。随着节能减排的推进,燃气轮机发电份额将有更大的提升。

我国天然气产业快速发展为燃气轮机进入市场提供了前提条件。2013 年我国天然气消费是 2004 年的 4 倍,达到 1 676 亿 m^3,国务院提出到 2020 年要达到 4 000 亿 m^3,可以为 1.6 亿 kW 燃气蒸汽联合循环电站提供足够的燃料。据预测,未来十年内我国天然气工业和其他工业需要的重型燃气轮机的市场规模可以达到 4 000 亿~5 000 亿元。

我国经济实力增强为发展燃气轮机提供了资金保障。"十二五"期间,我国财政科技投入和全社会研发投入(R&D)持续增长,2013 年已经超过 12 500 亿元,占国内生产总值(GDP)的 2%左右,在发展中国家处于领先地位。近十年来国家通过设立基础研究基金、"863"计划、"973"计划等,对燃气轮机的研发投入显著增加。除了中央政府的投入之外,地方政府、企业和社会各界也积极参与到燃气轮机的研发中,为发展燃气轮机技术和产业提供了强有力的资金保障。

1.3 燃气轮机学科背景和特点

1.3.1 学科背景

燃气轮机属于动力机械工程学科范畴,研究内容包括:把燃料的化学能和流体动能安全、高效、低污染地转换成动力的基本规律和过程,转换过程中的系统和设备,以及与此相关的控制技术。它涉及能源、航天航空、电力、交通、农业、环境等与国民经济、社会发展及国防工业密切相关的领域,所涉及的系统和设备可构成国民经济发展、国防工业现代化和人民生活水平改善的重大基础设施。

在学科研究方面,燃气轮机技术复杂、涉及面广,从基础和应用基础研究角度可以划分为如下学科及其交叉学科:燃气轮机系统和工程热力学、叶轮机械内流气动热力学与计算流体力学、传热学、燃烧学、固体力学与转子动力学、控制科学、材料科学、机械制造学和测量技术。

在研究方向方面,主要包括以下 6 个方面:先进总能系统和系统设计技术;高性能压气机、透平设计和制造技术;先进的高温部件冷却技术;高温合金材料、涂层及工艺;高效、低污染燃烧技术研究;先进的自动控制技术。

世界各国发展燃气轮机产业的历史经验表明,只有在基础和应用基础研究上取得了突破,真正掌握了核心技术,才会具有自主开发产品的能力;只有基础和应用基础研究达到世界先进水平,才有可能研制出具有世界先进水平的产品。

1.3.2 工作原理和特点

1.3.2.1 燃气轮机热力循环

燃气轮机是一种高速旋转的叶轮机械,其热力循环由工质的压缩、加热、膨胀、放热四个过程组成。

燃气轮机循环可分为开式循环和闭式循环两大类。开式循环燃气轮机的工质来自周围大气,通过压缩、加热、膨胀做功后再排回大气放热而不断地进行循环做功。闭式循环燃气轮机可以采用非空气气体工质,工质在一个封闭的系统中反复使用,透平排气进入换热器降低温度后再回到压气机进口,整个系统密封以防工质泄漏。

在开式循环和闭式循环两大类的基础上,还有其他循环形式。燃气轮机排气温度较高,利用其排气热量来加热压缩后的空气,可以减少燃烧室中燃料消耗量以提高机组效率,称为回热循环。另外,在压缩过程中可以对工质进行中间冷却以减少压缩耗功,在膨胀过程中可以对工质进行中间加热以提高膨胀功,分别称为间冷循环和再热循环。

此外,还可将燃气轮机循环和其他动力装置循环联合组成复合循环,目的是实现能量的梯级利用,以充分利用能源,提高能源的利用率,如燃料电池/燃气轮机混合动力循环,还有现在广泛应用的燃气-蒸汽联合循环。

1.3.2.2　燃气轮机工作过程和特点

燃气轮机的基本工作过程是：压气机（即压缩机）连续地从大气中吸入空气并将其压缩；压缩后的空气进入燃烧室，与喷入的燃料混合后燃烧，成为高温燃气，随即流入燃气透平中膨胀做功，推动透平叶轮带着压气机叶轮一起旋转；加热后的高温燃气的做功能力显著提高，因而燃气透平在带动压气机的同时，还有余功作为燃气轮机的输出机械功。燃气轮机由静止启动时，需用启动机带着旋转，待加速到能独立运行后，启动机才脱开。

燃气初温和压气机的压缩比是影响燃气轮机效率的两个主要因素。提高燃气初温，并相应提高压缩比，可使燃气轮机效率显著提高。20 世纪 70 年代末，压缩比最高达到 31；工业和船用燃气轮机的燃气初温最高达 1 200℃左右，航空发动机燃气初温超过 1 350℃。

燃气轮机的压气机有轴流式和离心式两种，轴流式压气机效率较高，适用于大流量的场合。在小流量时，轴流式压气机因后面几级叶片很短，效率低于离心式。功率为数兆瓦的燃气轮机中，有些压气机采用轴流式加一个离心式作为末级，因而在达到较高效率的同时又缩短了轴向长度。

燃烧室和透平不仅工作温度高，而且还承受燃气轮机在启动和停机时因温度剧烈变化引起的热冲击，工作条件恶劣，所以它们是决定燃气轮机寿命的关键部件。为确保有足够的寿命，这两大部件中工作条件最差的零件如火焰筒和叶片等，需要镍基和钴基合金等高温材料制造，同时还需要空气冷却来降低工作温度。

对于一台燃气轮机来说，除了主要部件外还必须有完善的调节保安系统，此外还需要配备良好的附属系统和设备，包括启动装置、燃料系统、润滑系统、空气滤清器、进气和排气消声器等。

燃气轮机发电机组能在无外界电源的情况下迅速启动，机动性好，在电网中用它带动尖峰负荷和作为紧急备用，能较好地保障电网的安全运行，所以应用广泛。在汽车（或拖车）电站和列车电站等移动电站中，燃气轮机因其轻小的优点，应用也很广泛。此外，还有不少利用燃气轮机的便携电源，功率最小的在 10 kW 以下。

按照用途，燃气轮机可分为工业、舰船和国防陆用等类型。燃气轮机按照功率大小可分为重型燃气轮机、中小型燃气轮机和微型燃气轮机。

1.4　国内燃气轮机发展思路、目标、任务和方案

2012 年以来，在党中央、国务院的关心下，在中国科学院和中国工程院 52 位院士的倡议下，国家部委开展了"航空发动机和燃气轮机"重大专项调研和论证。

在我国国民经济和社会发展第十三个五年规划纲要（简称"十三五"规划）中计划实施的 100 个重大工程及项目名单中，航空发动机及燃气轮机位列第二。

我国工信部 2016 年的一个重点任务就是要启动实施航空发动机和燃气轮机重大科技

专项。

课题组针对国家燃气轮机重大科技专项提出了我国燃气轮机的发展目标和任务。

1.4.1 发展思路

（1）整合国内燃气轮机研究、制造的企业、大学和研究所的优势力量，形成国家队。

（2）重视基础研究，加强关键技术攻关，为燃气轮机产品研发打下坚实的基础。

（3）走军民融合的发展道路，实施舰船燃气轮机与民用燃气轮机研发能力资源共享的发展战略。

（4）走自主创新为主、广泛多元化国际合作为辅的技术发展路线。燃气轮机核心技术的发展必须立足于自主创新，打造属于我国自己的燃气轮机技术体系。

1.4.2 发展目标

统一规划、全面安排、集中力量，通过 20 年及长期持续努力，建设研究、设计、试验、制造与整机验证平台，建成完善、先进的燃气轮机研发生产体系，培养有较高水平的燃气轮机研制及生产队伍。

在未来 5～10 年内，在重型、舰船、中小型及微型燃气轮机核心能力形成与产品研制应用方面取得实质性突破，并在 10～20 年内形成具有我国完全自主知识产权的各型燃气轮机基本产品系列，满足国家能源与国防安全的迫切需求。进一步根据经济发展和国防建设的需要，研究出达到世界先进水平的燃气轮机产品，逐渐成为燃气轮机强国。

1.4.3 主要任务

（1）建设完善的燃气轮机科研设计、制造、应用互相衔接的研发体系及创新体系。

（2）建立先进燃气轮机关键技术的研发平台，具备关键部件的自主研发能力。

（3）采用先进的理论和试验研究方法，全面掌握先进燃气轮机的材料、工艺和设计技术。

（4）突破现代燃气轮机关键制造技术，实现先进燃气轮机的自主制造能力。

1.4.4 实施方案

（1）实施科技计划：燃气轮机基础研究计划，材料与工艺研究计划，燃气轮机共性技术研究及验证计划，先进民用燃气轮机研究发展计划，军用燃气轮机研究发展计划。

（2）建设研制平台：基础研究平台，材料工艺体系平台，设计体系平台，部件验证平台，制造能力平台，整机验证平台。

第 2 章
国外先进燃气轮机发展历程、现状及趋势

国际上燃气轮机经过 100 多年长期投入、稳定发展,已经达到了很高的水平,并且正向更高水平发展。可以预见,更高工作参数、更完善性能的燃气轮机将不断出现。

2.1　国外先进燃气轮机发展历程

1906年，第一台效率为3%的燃气轮机问世。自20世纪40年代起，燃气轮机开始进入工业的各个领域，并且得到了较为完善的发展，如1939年诞生于瑞士BBC公司的燃气轮机，功率1.5 MW，初温550℃，效率17.3%，如图2-1所示。20世纪50年代初，燃气轮机开始登上发电工业舞台，而由于其容量小、效率低，仅在电力系统中作为紧急备用电源和调峰机组使用；进入80年代后，燃气轮机单机容量有很大程度的提高，特别是燃气-蒸汽联合循环技术日渐成熟。随着世界范围内天然气资源的大力开发，燃气轮机及其联合循环在世界电力系统中的地位发生了明显的变化，不仅可以作为紧急备用电源和调峰机组使用，而且还能用于带基本负荷机组。

图2-1　1939年BBC公司设计制造的燃气轮机

经过不断应用最新的研究成果、提高技术水平，目前美国和欧洲等发达国家和地区正在研究燃气初温达1 600℃、压气机压缩比约40、单循环效率43%～44%的重型燃气轮机，其联合循环效率将高达65%。同时也在着手研究未来更加先进的燃气轮机，燃气初温的目标是1 700℃，如图2-2所示。

在发展燃气轮机的过程中，美国、欧盟国家、日本等国政府均制定并实行过推动燃气轮机技术发展和扶持燃气轮机产业的政策和发展计划，如美国的ATS计划（先进涡轮系统计

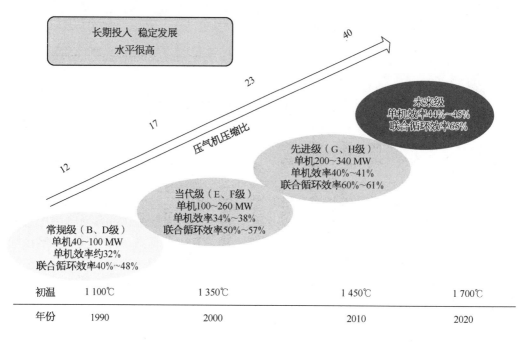

图 2-2 先进重型燃气轮机的发展

划)、CAGT 计划(航空发动机改型燃气轮机计划),欧共体的 EC - ATS 计划,日本的"新日光"计划等,长期投入大量研究资金,使燃气轮机技术得到了更快的发展。

2.2 国外先进燃气轮机现状及特点

目前燃气轮机产业已形成了高度垄断的局面,形成了以 GE、西门子、三菱、阿尔斯通公司为主的重型燃气轮机产品体系,以 GE、Solar、Rolls-Royce(简称 RR)、Z - M 和川崎公司等为主的驱动和发电用中小型燃气轮机产品体系,以 Capstone、Ingersoll Rand、Turbec 和川崎等公司为主的微型燃气轮机产品体系,这些公司基本代表了当今国际燃气轮机制造业的最高水平,其他制造公司多数与主导公司结成伙伴关系,合作生产或购买制造技术生产。

2.2.1 重型燃气轮机

目前,国际上三大燃气轮机公司——GE、西门子/美国西屋电气有限公司(简称西屋)、三菱均是拥有独立设计、试验、制造技术的重型燃气轮机制造企业。其生产的燃气轮机单机效率已达 36%~41.6%,最大单机功率已达 375 MW。组成联合循环机组后,发电效率达 55%~60%,联合循环机组已成为发电市场的主流机组。日本三菱公司研制的

M501J 型燃气轮机组成的联合循环在 50% 负荷工况下效率依然可以达到 55%。被西门子收购的阿尔斯通公司的新 GT26 在 40% 负荷工况下 NO_x 的排放依然低于 25×10^{-6}。国外一些重型燃气轮机的主要参数见表 2-1。

表 2-1　重型燃气轮机主要参数

型　号	投产年份	压缩比	透平初温（℃）	单机功率（MW）	简单效率（%）	联合循环效率(%)	制造商
MS-9001E	1979	12.3	1 124	123	31.4	52.0	GE
MS-9001F	1991—1992	15	1 288	226	36.0	55.3	GE
MS-9001G	1995	23	1 430	282	39.5	58.2	GE
MS-9001H	1997—1998	23	1 430	292	39.5	60.0	GE
SGT5-2000E	1981	11.1	1 177	159	34.5		西门子
SGT5-3000E	1997	14.0	1 177	190	36.4		西门子
SGT5-4000F	1995	17.0	1 314	265	38.5		西门子
SGT5-8000H	2008	19.2	1 427	375	40.0		西门子
GT-26	1994	30		241	37.9	58.5	ABB
M501F	1989	16	1 349	185.4	34.5		三菱
M501G	1995	20	1 427	267	39.1	58.4	三菱
M501J	2011	23	1 600	320	40.0	61.0	三菱
M701F	1992	17	1 349	270.3	38.2		三菱
M701G	1997	21	1 427	334	39.4		三菱

各大公司在推出大功率、高性能、低污染物排放的新型号燃气轮机的同时，还将有关的技术成果用于老型号机组的改进升级，使老型号机组的性能得到提高。如 GE 公司的 MS9001FA 机组，原型在 1993 年的出力为 226.5 MW，改进升级后 2009 年的出力为 255.6 MW，增加了 29.1 MW，而热耗率从 10 096 kJ/(kW·h)减少到 9 759 kJ/(kW·h)。西门子公司的 SGT5-4000F 机组，原型在 1995 年的出力为 240 MW，改进升级后 2009 年的出力为 292 MW，增加了 52 MW，而热耗率从 9 474 kJ/(kW·h)减少到 9 036 kJ/(kW·h)。三菱公司的 M701F4 机组，原型在 1993 年的出力为 235.5 MW，改进升级后 2009 年的出力为 312.1 MW，增加了 76.4 MW，而热耗率从 9 790 kJ/(kW·h)减少到 9 161 kJ/(kW·h)。

2.2.2　中小型燃气轮机

中小型工业燃气轮机用于驱动、发电等，主要代表性的制造商是 Solar、GE、川崎以及西门子等公司。中小型工业燃气轮机广泛用于石油、化工、天然气输送、冶金以及舰船和坦克驱动等行业，市场需求量较大，仅 Solar 公司的中小型工业燃气轮机按台数计算就占全球市场份额的 23%，性能参数见表 2-2。

表 2‑2　中小型燃气轮机性能参数

序号	机组型号	燃机出力 (kW)	热耗率 [kJ/(kW·h)]	机组效率 (%)	烟气流量 (kg/h)	排烟温度 (℃)	厂家
1	土星 20	1 210	14 795	24.3	23 540	505	Solar
2	水星 50	4 600	9 351	38.5	63 700	377	Solar
3	火星 100	11 430	10 885	33.1	152 080	485	Solar
4	大力神 130	15 000	10 230	35.2	179 250	495	Solar
5	大力神 250	21 745	9 260	38.9	245 660	465	Solar
6	M1A‑13D	1 435		23.6	30 238	520	川崎
7	M7A‑02D	6 500		30.0	100 350	520	川崎

2.2.3　微型燃气轮机

微型燃气轮机是一类新近发展起来的小型热力发动机,其单机功率范围为 25～500 kW,基本技术特征是采用径流式叶轮机械(向心式透平和离心式压气机)以及回热循环。

20 世纪 40～60 年代就有数百台千瓦级燃气轮机,但发电效率低,随着高效回热器的使用,微型燃气轮机的发电效率显著提高。20 世纪 90 年代,有些机组采用了不需要润滑系统的空气轴承,使得微型燃气轮机的结构更为紧凑,美国 Capstone 公司推出了商业化微型燃气轮机。目前国外微型燃气轮机的主要技术特点有两类,一是采用高速气浮轴承和高速永磁发电机,压气机、涡轮和发电机同轴,回热器和燃烧室一体化,转速高达 90 000 r/min,典型生产厂家有 Capstone 公司;二是采用油润滑轴承,转速较低,一般大约 50 000 r/min,回热器和燃烧室分离,典型的生产厂家有 Turbec、Ingersoll Rand、Elliott 和川崎公司。2010 年微型燃气轮机发电机组的销售额已达到 100～150 亿美元。国外一些微型燃气轮机的主要参数见表 2‑3。

表 2‑3　微型燃气轮机的主要参数

生产厂家 型号 性能指标	Ingersoll Rand MT250	Capstone C30,60	Bowmen TG80CG	Elliott TA45,60,80	霍尼韦尔 (Honeywell) Parallon75	Turbec T100
发电效率(%)	30	26～28	23	25～35	28.5	28.5(±1)
额定功率(kW)	250	30,60	80	45,60,80	75	100
转速(r/min)	45 000	96 000	99 750	110 000	65 000	70 000
压　比	3.5	3.2	4.3	4.0	3.7	4.5
燃料类型	天然气、柴油	天然气、柴油	天然气、柴油	天然气、柴油	天然气、柴油	天然气
进温(℃)	925	840	680	920	930	950
排温(℃)	242	270	300	280	250	270

2.2.4　舰船燃气轮机

1947 年,英国研制的 G1 燃气轮机在英国皇家海军 MGB2009 高速炮艇上试装成功,揭开了舰船燃气轮机发展的序幕。20 世纪 60 年代末,英国和美国等国家陆续做出"舰船以燃气轮机做动力"的历史性决策。之后,英国、美国、俄罗斯等国家开始大力发展舰船燃气轮机,并广泛应用在各种舰船上。20 世纪 60 年代以来,英国 Rolls-Royce 公司陆续研制了 Tyne RM1、Olympus TM1A、Olympus TM3B、OlympusTM3C、SPEY SM1A、SPEY SM1C/SM2C、WR - 21、MT30 等舰船燃气轮机;美国 GE 公司研制了 LM2500、LM1600、LM2500＋、LM2500＋G4 和 LM6000PC;美国 PW 公司研制了 FT4A、FT8;美国 Allison 公司研制了 Allison 501KF、Allison 570KF 和 Allison 571KF;美国 Lycoming 公司研制了 TF25、TF40、TF50、TF80 和 TF100;苏联 Kuznetsov 设计局研制了 NK - 12MNK - 12PT 和 NK - 14PT。表 2－4 展示了这些舰船燃气轮机的投入使用时间、母体航机和应用等情况。

表 2－4　舰船燃气轮机应用情况

型　　号	使用时间	公　司	功率(kW)	用　　途
Olympus TM3B	1973	RR	21 500	护卫舰、驱逐舰、巡洋舰、航空母舰
SPEY SM1C	1987	RR	18 000	驱逐舰、护卫舰
WR - 21	2004	RR	25 250	导弹驱逐舰、护卫舰、巡逻舰
MT30		RR	36 000	驱逐舰、航空母舰、护卫舰
LM2500	1969	GE	24 320	导弹驱逐舰、护卫舰、巡逻艇
LM1600	1987	GE	14 920	巡逻艇、小型护卫舰
LM2500＋	1996	GE	27 600	导弹驱逐舰、护卫舰、水翼艇
LM2500＋G4	2006	GE	27 600	导弹驱逐舰、护卫舰、水翼艇
LM6000PC	1992	GE	42 750	航母
FT4A	1962	PW	8 800	水翼船、快艇
Allison 570KF	1979	Allison	4 740	水翼船、快艇
Allison 571KF	1986	Allison	5 740	水翼船、快艇
TF40	1976	Lycoming	3 000	水翼船、快艇
TF80	1983	Lycoming	6 000	水翼船、快艇
NK - 12MNK - 12PT	1964	Kuznetsov	6 300	水翼船、快艇
NK - 14PT	1993	Kuznetsov	8 000	水翼船、快艇

2.3　国外先进燃气轮机的发展趋势

今后燃气轮机发展趋势是:进一步提高燃气初温、压气机压比,从而进一步提高机组的功率、效率等性能;适应燃料多样性的需求;改变基本热力循环,采用新工质,完善控制系统,优化总体性能。

2.3.1 重型燃气轮机

重型燃气轮机不断向高参数、高性能、低污染发展,通过研究和应用新技术、新工艺,专家预测到 2020 年最高初温可达 1 700℃,联合循环效率可达 65％。

(1) 欧、日、美等地区和国家正在探索用于未来级燃气轮机的新一代高温材料与冷却技术。研究新一代超级合金、粉末冶金材料、金属基/陶瓷基复合材料,研究单晶合金、超级冷却叶片、热障涂层(TBC)、抗氧化和热蚀的涂层等技术,例如 GE 公司 H 型产品第一级透平叶片采用超级合金(CMSX－4)单晶技术,而后三级透平叶片采用超级合金(GTD111)定向结晶铸造技术。研究综合应用冲击/气膜复合冷却、多孔层板发散冷却、发汗冷却、闭式蒸汽冷却等新型冷却技术,适应新一代燃气轮机更高进口温度的苛刻要求。如德国正在研究以超级合金为骨架、表面为粉末冶金多孔材料和发散冷却的下一代透平叶片,日本曾经研究过透平静/动叶片以及转子的蒸汽冷却,并已经取得了阶段性成果。

(2) 采用先进的气动设计技术,进一步提高压气机与透平部件性能。研究可控涡设计、自由涡设计、掠弯扭叶片技术、多圆弧叶型、可控扩散叶型、间隙流动控制等技术,减小各类损失。如采用压气机多级可调叶片技术,以保证宽广范围内压气机能够高效工作;如压气机附面层抽吸技术、流动稳定性被动与主动控制技术,大幅度减少多级轴流压气机的级数/轴向长度/重量,大幅度扩大压气机稳定工作范围等。

(3) 拓宽燃料适应范围,进一步降低 NO_x 等污染物排放。高效、低污染、稳定燃烧技术始终是燃气轮机的前沿技术,世界各燃气轮机制造商都发展了各自的控制污染排放技术,投入了很大的力量研究开发干式低污染(DLN)燃烧室,并应用于各自的现代燃气轮机产品中。

(4) 优化总体性能和完善控制系统。如采用新型热力循环(包括先进湿空气透平循环等)和新工质(包括混合工质等),优化总体性能,完善控制系统,获得更高效率的燃气轮机发电机组。

每一项技术的突破都将是叶轮机械气动热力学的革命性进步,都将带来燃气轮机性能的显著提高。

2.3.2 中小型燃气轮机

中小型燃气轮机的主要发展方向集中在以下几个方面:

(1) 提高燃气轮机参数,改进部件设计,提高机组性能。通过提高燃气初温、改进部件性能等措施,不断提高机组的性能。如 GE、Solar 等公司新研机组简单循环效率超过 40％,在推出新机组的同时,各大公司不断提高原有机组的性能。

(2) 一机多用,系列化发展。由于燃气轮机研发费用高、周期较长,因此在设计上力求一机多用,系列化发展。通过局部的设计改动,满足船用、工业驱动和发电等不同应用领域的要求。

(3) 采用高效低排放燃烧室。无论是舰船燃气轮机,还是工业驱动和发电燃气轮机,都要求降低燃气轮机的 NO_x 排放,各大公司都致力于低排放燃烧室的研发。

(4) 采用先进的复杂循环,提高机组性能。通过回热循环、间冷-回热循环湿空气透平循环(HAT)等方式,提高机组性能。如采用间冷循环的 WR－21 燃气轮机,不仅额定工况下效率达 42％,而且在 0.3 工况下效率也超过 36％。

随着环保意识的增强和国际燃气轮机排放标准的制定,燃气轮机的排放早已得到世界各国的高度重视。目前,燃气轮机主要通过采用贫油直接喷射燃烧系统(LDI)、贫油预混气化燃烧系统(LPW/PY)、富油-猝熄-贫油燃烧系统(RQL)、非绝热燃烧系统以及内置催化稳定燃烧系统(可提供 NO_x 排放低于 $1×10^{-6}$ 的水平)等低污染物排放燃烧技术,即在不对燃烧稳定产生不利影响的情况下,降低燃烧区火焰温度,从而降低氮氧化物(NO_x)、一氧化碳(CO)和未燃烧的碳氢化合物(UHC)等的排放量,并且已经取得明显的效果。这些新型低排放燃烧室的采用,将会大大降低 NO_x、CO、UHC 和颗粒状物等的排放量。

除以上发展方向外,由于中小功率燃气轮机应用范围较广,不同应用领域的燃气轮机有各自发展的特点。

2.3.3　微型燃气轮机

微型燃气轮机的发展方向主要集中在:多燃料、低污染、高效燃烧室研究,开发变工况性能良好的压气机和透平、提高微型燃气轮机发电机组的可靠性。

通过研究不同种类(天然气、低热值合成气、生物质气和燃油)和不同热值燃料燃烧工作参数对燃烧稳定性的影响,解决燃烧过程局部超温问题,研制多燃料、低污染、高效燃烧室。

通过开发高效、低噪声压气机,开发变工况性能良好的向心式透平,优化压气机、透平与燃烧室结构参数的匹配特性,提高微型燃气轮机发电机组的可靠性。

2.3.4　舰船燃气轮机

舰船燃气轮机的发展方向主要集中在以下几方面:

(1)功率与热效率逐步提高,耗油率下降。无论是简单循环还是复杂循环,世界舰船燃气轮机的功率与效率逐步提高,耗油率不断降低。简单循环舰船燃气轮机主要通过提高压比、燃气初温和部件效率等措施,提高功率与热效率。目前简单循环的大功率舰船燃气轮机的热效率已经达到 40% 以上,耗油率已经降低到 $0.200\ kg/(kW·h)$ 级。

(2)复杂循环舰船燃气轮机主要包括间冷、回热、间冷回热(ICR)、蒸汽回注、燃-蒸联合、湿空气涡轮(HAT)等循环燃气轮机,主要通过改进热力循环来提高热效率,特别是在部分负荷下的性能。未来,采用复杂循环的舰船燃气轮机,其热效率有望进一步提高。

(3)可靠性与可维护性不断提高。舰船燃气轮机的可靠性与可维护性也是非常重要的指标。发达国家通过实施先进技术预研计划开发和验证一些综合的燃气轮机技术方案,使舰船燃气轮机燃烧效率与可靠性提高、可维护性改善、环境影响减小、红外/雷达/声学信号降低,进而使目前和未来的海军燃气轮机动力装置的总费用、易损性降低,作战有效性增强。WR-21 燃气轮机始终将可靠性与可维护性设计放在重要的位置,通过采取各种措施提高可靠性与可维护性。

(4)产品向系列化、谱系化发展。以基准航空发动机为基础,燃气轮机设计与制造商改型研制不同类型和不同功率的燃气轮机,充分体现了“一机为本、衍生多型、满足多用、形成谱系”的特点,不仅赋予航空发动机顽强的生命力,达成更新换代的良性发展态势,也保证了燃气轮机的可靠性、先进性以及周期短、风险低和成本低的特点。由于研制和生产燃气轮机的难度大,以成功燃气轮机为基础不断升级改进,提高性能和降低排放,是燃气轮机产品系列化发展的另一发展途径。

2.4 小　　结

本章主要从国外燃气轮机发展历程、国外燃气轮机现状及特点、国外燃气轮机发展趋势等方面对国外先进燃气轮机的发展状况进行了分析。

在发展燃气轮机过程中,美国、欧洲等地制定并实施了相关政策和发展计划,这为我国燃气轮机的发展提供了强有力的参考和借鉴价值。

在国外先进燃气轮机现状及特点方面,分别从重型、中小型、微型以及舰船等方面进行了全面的陈述与研究。从二方面总结了国外先进燃气轮机的发展趋势:进一步提高燃气初温、压气机压比等参数,从而进一步提高机组的功率、效率等性能;适应燃料多样性的需求;改变基本热力循环,采用新工质,完善控制系统,优化总体性能。

第 3 章
国内燃气轮机发展历程、产业状况和趋势

我国燃气轮机发展道路曲折,当前水平较低,总体上看,没有掌握核心技术,没有突破热部件制造技术,没有建立完善的大型试验设施。随着国家重大专项的推进,我国燃气轮机技术将会进入快速发展阶段。

3.1 国内燃气轮机发展历程

我国燃气轮机技术的道路曲折,发展过程可以概括为四个阶段,分别是早期自主研发制造、停滞不前、引进制造技术以及最近几年的全面自主研发,如图3-1所示。

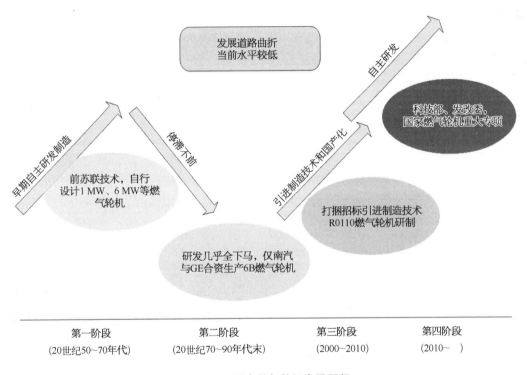

图 3-1 国内燃气轮机发展历程

3.1.1 早期自主研发制造

我国发展燃气轮机技术始于 20 世纪 50 年代末,60 年代至 70 年代初可以作为我国发展燃气轮机第一阶段,是以苏联技术为基础而开展自主研发的阶段。我国曾以厂所校联合的方式,自主设计、试验和制造了一系列 200~25 000 kW 燃气轮机,透平进气初温为 700℃等级,与当时的世界水平差距不大。典型机型有 1 MW、1.5 MW、3 MW、6 MW 发电机组,2 574 kW、3 310 kW 机车用机组,200 kW 车载燃气轮机。当时上海交通大学、清华大学、哈尔滨汽轮机厂有限责任公司(简称哈汽)、上海汽轮机有限公司(简称上汽)、南汽、中国北车集团长春机车厂(长春机车)、青岛汽轮机厂(青汽)、杭汽等单位都投身于我国燃气轮机的早期研制。我国自行设计和生产的燃气轮机,与当时的世界水平差距不大。

经过第一阶段的发展,我国燃气轮机发电制造业由无到有,由小功率到大功率,由简单循环到复杂循环,由消化吸收到自行设计,经过了近一代人的努力奋斗,取得了令人瞩目的成绩,为我国自行开发高性能的燃气轮机打下了很好的基础。

3.1.2 停滞不前

在第二阶段,由于特殊历史原因,燃气轮机研发制造工作停滞不前,全行业进入低潮。而此阶段正是世界燃气轮机技术飞速发展的阶段,我国与国际水平的差距迅速拉大。

由于我国能源政策调整,严格限制用油发电,几乎所有燃气轮机一律停机封存,我国燃气轮机技术发展转入低谷时期。20 世纪 70 年代末至 80 年代初,许多汽轮机厂的燃气轮机制造项目纷纷下马,国内高校有关民用燃气轮机的研究也相继减弱。

即使在如此困难的状况下,国内仍有一些单位进行燃气轮机研究工作。如 70 年代末上海交通大学开展了将 JT3D 发动机派生为 11 MW 舰船燃气轮机的研究,于 80 年代初通过了项目鉴定和验收。

在原机械电子工业部的主持下,南京汽轮电机厂开始与 GE 公司合作生产透平进气初温 1 100℃ 等级的 MS6001B 型燃气轮机发电机组,单机功率 40 MW,国产化率约 60%～70%。

1985 年,国家有关部门从美国引进了 LM2500 舰船燃气轮机,积累了一些使用和维护保养经验。从 1993 年开始,我国与乌克兰"机械设计科研生产联合体"签订购买、引进新研制的 UGT25000 舰船燃气轮机整机及生产制造技术许可的合同,初步解决了我国大功率燃气轮机的有无问题。

3.1.3 引进制造技术和国产化

在第三阶段,引进重型燃气轮机部分制造技术,并进行本地化制造,取得了较为明显的进展。但是,由于没有掌握燃气轮机核心设计技术、热端部件制造与维修技术以及控制技术,全行业可持续发展受到严重制约。在这个阶段,科技部部署了燃气轮机研究的"863"项目和"973"项目,推进了我国燃气轮机技术的发展。

3.1.3.1 打捆招标引进重型燃气轮机制造技术

该阶段起始于原国家计划委员会(简称国家计委)2001 年 10 月发布了《燃气轮机产业发展和技术引进工作实施意见》,实施以市场换技术的重大举措,对规划批量建设的燃气轮机电站项目进行"打捆"式设备招标采购,引进了 F/E 级先进的大型燃气轮机 50 余套及其部分制造技术。

哈尔滨电气和美国 GE 组成的联合体共同生产 109FA 机型;东方电气和日本三菱组成的联合体共同生产 M701F 机型;上海电气和德国西门子组成的联合体共同生产 V94.3A 机型。

通过打捆招标,我国引进了国外的燃气轮机制造技术,并得到了包括制造图纸、技术规范、工艺规范、材料规范、采购规范、质保体系以及装配、调试、运行维护等技术资料。通过相关的技术改造,三大动力集团具有了一定的制造能力,积累了较为丰富的加工经验。但是"打捆招标"仅引进了部分制造技术,一些核心制造技术外方并未转让,热部件的制造被控制在以外方为主的合资厂内,不能从根本上解决中国燃气轮机产业自主发展和受制于人的关键问题。

3.1.3.2 "863"计划、"973"计划聚焦燃气轮机

在"十五"和"十一五"期间,科技部在"863"计划中部署开展了 R0110 重型燃气轮机设计研制、中低热值燃料 R0110 燃气轮机设计研制和 F 级中低热值燃料燃气轮机关键技术研究与整机研制等课题。研制的 R0110 燃气轮机已经实现了厂内全转速空负荷运转,在示范电厂内通过了 168 h 带负荷运行,但是整机离商业应用还有很大一段距离。

在"973"计划中实施了"燃气轮机的高性能热-功转换科学技术问题"和"大型动力装备制造基础研究"两个项目。通过两个项目的实施,在燃气轮机基础研究方面缩短了与国际先进水平的差距。

3.1.3.3 中小型燃气轮机和微型燃气轮机

中小型燃气轮机和微型燃气轮机市场基本被国外燃气轮机所垄断,我国中国航空工业集团公司(简称中航工业)在航空发动机基础上改型生产了少量工业燃气轮机,发展了 QD70(A) 和 QD128 航改燃气轮机。2009 年在国家能源局和中国石油天然气集团公司(简称中石油)的支持下,以国产化的舰用 GT25000 燃气轮机为基础,启动了 30 MW 级燃驱压缩机组的自主研制工作,现已在天然气管道线上列装运行。

微型燃气轮机产品在国内处于空白,国内研究刚刚起步。科技部"863"计划支持 100 kW 级微型燃气轮机设计研制,初步形成了燃气轮机的自主研发能力,建立了微型燃气轮机研发队伍。

3.1.3.4 舰船燃气轮机

我国舰船燃气轮机走过了仿制、专用化设计、航机舰改、技术引进、消化吸收自主创新等发展过程,引进的某型燃气轮机已经完成了两个阶段的国产化研制,正在进行批量生产,并装舰应用。该型燃气轮机国产化的成功及批量应用,提高了我国舰船燃气轮机自主研制的起点,为我国舰船燃气轮机的系列发展提供了良好的基础机型。

3.1.4 自主研发

这一阶段起始于 2012 年中国工程院和中国科学院(两院)联合组织 52 位院士以及几十位同行专家开展全国范围的"航空发动机和燃气轮机调研",形成了《航空发动机和燃气轮机咨询报告》,国家高度重视并设立重大专项。该重大专项目标明确,任务繁重。

3.2　国内燃气轮机产业状况

3.2.1 燃气轮机产业分布

我国燃气轮机产业主要分布在电气装备行业、航空行业和船舶行业,从地域上看主要分

布在东北地区、西北地区和长三角地区,有较强科研能力的单位有清华大学、上海交通大学、西安交通大学以及中国科学院的工程热物理所和沈阳金属所。

3.2.1.1 黑龙江产业状况

黑龙江是国家重要的工业基地,哈尔滨电气是我国三大动力装备生产基地之一,七〇三所是国内舰船动力研制基地。经过"十五"、"十一五"期间的发展,目前黑龙江初步建成了产业配套比较齐全的燃气轮机研发制造基地,具备了一定的燃气轮机自主研发、试验验证和制造能力。

在黑龙江具有燃气轮机研发、设计、制造能力的单位主要有:哈尔滨电气、七〇三所、中航工业哈尔滨东安发动机(集团)有限公司(简称东安发动机集团)、哈尔滨工业大学、哈尔滨工程大学等。

从 2003 年开始,哈尔滨电气和美国 GE 组成的联合体共同生产 109FA 机型,参加 F 级和 E 级燃气轮机"打捆招标",引进 GE 公司的 F 级和 E 级重型燃气轮机制造技术,建立了重型燃气轮机总装实验平台。

七〇三所是我国舰船燃气轮机专业研究所,建有国家能源局的燃气轮机技术研发(试验)中心,具有较强的科研、设计、成套集成、试验等燃气轮机综合研究能力。拥有舰船和工业用燃气轮机、蒸汽动力研发实验基地,基地有 30 MW 等级整机、三大部件、关键系统、先进循环等大型实验平台。

哈尔滨工业大学、哈尔滨工程大学设有燃气轮机专业,在燃气轮机总体性能预测、燃气轮机先进循环、压气机与涡轮气动设计、低排放燃烧室设计、中低热值燃料燃烧、整机故障诊断、调节控制、精密特种铸造、结构强度、振动噪声、特种焊接等燃气轮机基础技术研究领域和人才培养方面取得了一些成果。

黑龙江燃气轮机人才队伍数量多、经验丰富、专业技能突出、后备力量强。具有一定规模燃气轮机人才队伍的单位有:哈尔滨汽轮机厂(从事产品设计和工艺设计人员),七〇三所(研发和实验技术人员),东安发动机集团(产品设计开发专业人员)。另外,哈尔滨工业大学和哈尔滨工程大学有一批从事动力工程技术研究的教师,每年培养燃气轮机方向的博士、硕士、本科毕业生总计超过 100 人。黑龙江还拥有数量大、技术熟练的产业工人队伍,人力资源能够得到有效保障。

3.2.1.2 四川产业状况

四川的燃气轮机研究和生产力量以东方电气为主,在国内占有重要的地位。东方电气是我国三大动力装备生产基地之一,是全国机械工业 100 强企业。

东方电气一直注重创新能力的建设,有一支燃气轮机研发、设计和工艺队伍,引进了大量的开发试验规范方法,并且投入建设了大量的试验验证设施,如重型燃气轮机试验室、高温部件实验室、高温合金试验室、多级透平试验台。高温部件实验室已经完成包括定向结晶炉、自动制壳线、压蜡机、压芯机、陶瓷烧结炉、双室真空熔炼铸造炉等 15 套设备的安装调试。现已初步建立完成了一条能够用于科研开发的试验线,初步具备了定向/单晶叶片试制的能力并试制了 F 级第 3、4 级叶片。

2006 年,东方电气开始 50 MW 重型燃气轮机研发工作。目前完成了压气机原型机方案、验证机结构设计、压气机试验台空负荷试车实验;完成高温透平优化方案、DLN 燃烧器结构设计、叶片冷却设计;进行了高温 TBC、高温合金叶片试制。

东方电气自 2003 年"打捆招标"引进燃机技术以来,通过 19 台重型燃气轮机的制造,积累了较为丰富的制造经验,已具备除燃烧室和透平叶片等热部件外所有部件的成套制造能力(包括辅机控制系统)及燃气轮机电站安装、调试、运行和售后服务能力。

东方电气培养积累了一批从事燃气轮机设计、研发、工艺、制造的工程技术人才队伍和高素质产业化工人队伍。

3.2.1.3　北京产业状况

北京在燃气轮机方面的优势主要体现在具有雄厚的科研能力和人才优势,拥有清华大学(含燃气轮机与煤气化联合循环国家工程研究中心)、北京航空航天大学、中国科学院工程热物理研究所和华清公司等一批高校和科研机构。

中国科学院工程热物理研究所在燃气轮机研究方面取得一批成果,建立了燃气轮机实验室和能源动力研究中心,专门从事与燃气轮机直接相关的研究。研究所于 2007 年承担"973"项目"燃气轮机的高性能热-功转换科学技术问题研究",为自主研发体系的建立和相关产业形成国际竞争力做出了基础性贡献。

清华大学燃气轮机研究所先后承担了本领域各阶段的国家重大科研项目,如国家"973"计划、"863"计划、科技支撑计划、国防重点项目、自然科学基金以及大量横向应用研究项目。研究所与美、日、英、德、法、加、俄等国的著名大学和公司建立了广泛而密切的合作关系,共同建立了多个联合研究机构,如燃气轮机与煤气化联合循环国家工程研究中心、清华 BP 清洁能源研究与教育中心、清华大学-三菱重工业联合研发中心,承担了多项国际合作项目。

中国科学院工程热物理研究所从事燃气轮机研究的相关人员有近 100 人。清华大学燃气轮机研究所现有在职教职员工 16 人,包括 7 位教授(其中 2 位中国工程院院士,1 位清华大学"百人计划"引进人才)。

3.2.1.4　中国航空工业集团公司产业状况

中国航空工业集团公司(简称中航工业)是我国航空发动机研发的最主要基地,在燃气轮机研究方面也占有重要地位,主要以航机改型方式进行民/舰船燃气轮机研发,以生产中小(轻)型燃气轮机为主。目前拥有由中国航空研究院和 33 个科研院所组成的科研体系,拥有一大批院士和国家级专家,拥有一批国家重点实验室和重大科研试验设施,还有一批航空发动机和燃气轮机的专业制造厂。

中航工业中与燃气轮机相关的企业包括:东安发动机集团(一二〇厂)、中国南方航空动力机械集团公司(三三一厂)、沈阳黎明航空发动机(集团)有限责任公司(四一〇厂)、中航工业成都发动机(集团)有限公司(四二〇厂)和中航工业西安航空发动机(集团)有限公司(四三〇厂)。上述企业多以生产航空发动机为主,也生产工业用中小型燃气轮机和微型燃气轮机。

中航工业主要的燃气轮机相关研究单位包括:中航工业沈阳航空发动机设计研究院(六〇六所)、中航工业中国株洲航空动力机械研究所(六〇八所)和中航工业中国燃气涡轮研究所(六二四所)。

3.2.2　国内燃气轮机使用基本情况

燃气轮机在我国主要应用于发电、天然气管线输送、石油化工、舰船动力和分布式供能系统等领域,具体应用表现为:

（1）我国重型燃气轮机发电多建成联合循环电站，整体效率达 60％，主要起调峰作用，近期发展迅猛。截至 2010 年底，燃气轮机的装机总容量达 34 000 MW。

（2）用于驱动的中小型工业燃气轮机，广泛用于石油、化工、天然气输送、冶金等行业，市场需求量较大。国内中小型燃气轮机尚处于起步阶段，还没有市场认可的产品。我国中小型燃气轮机技术相对落后，市场基本被国外燃气轮机所垄断。

（3）动力燃气轮机化是我国舰船主要发展方向之一，但装备数量少。截至 2012 年，我国仅有 6 艘驱逐舰装备了燃气轮机。随着船用燃气轮机乌克兰 GT25000 的国产化成功，小批量生产和装舰使用成熟后，这种现状将会在不久后改变。

（4）微型燃气轮机主要用于分布式供能系统和辅助电源，在我国需求广泛。但目前我国还没有国产的先进微型燃气轮机，市场已经应用的主要依靠进口。

我国已成为世界最大的燃气轮机潜在市场，各大燃气轮机公司都看好中国市场，在我国设有代表处或代理商。根据国家有关部门预测，我国燃气轮机的市场需求为：

（1）根据国家电力"十二五"规划，2015 年和 2020 年大型天然气发电规划容量分别为 30 000 MW 和 40 000 MW，为发展重型燃气轮机产业提供了广阔的市场。

（2）"十二五"期间，我国中小型燃气轮机的总需求量在 10 000 MW 以上，需要 400～600 台中小型燃气轮机，分别用于发电、船舶、军用战车和工业驱动。

（3）自 2011 年开始的 5～10 年，我国微型燃气轮机的需求量为 5 000～10 000 MW，主要用于分布式供能，解决机场候机楼、高档宾馆、写字楼、商场、医院、电信部门、政府重要办公设施和上海、北京、广东等经济发达地区的特殊用电需要。

3.2.3 重型燃气轮机使用状况及分析

3.2.3.1 重型燃气轮机使用现状

从改革开放至 20 世纪 90 年代末，燃气轮机电站发展以地方自主建设为主，发展较快。电站由 70 年代 20 多座发展到 90 年代的约 80 座，发电机组由 20 多套增加到约 140 套，装机容量从 300 MW 增加到约 7 200 MW，增长 20 多倍。其中，尤以经济基础雄厚的长三角地区发展最快。长三角的上海、江苏、浙江等地，80 年代前只有 1 座燃气轮机电站，装机 2 台，容量不足 50 MW，到 90 年代中期已建成燃气轮机电厂 14 座，装机 27 台，总容量达到 1 960 MW，占全国燃气轮机发电总容量的 28％，装机总台数的 25％。

2000 年以后，随着我国天然气资源大规模开发利用，"西气东输"以及引进液态天然气（LNG）等重大工程陆续开展，我国能源结构调整进入实施阶段。发展天然气联合循环电站成为我国能源结构调整的重要组成部分，受到国家的重视和大力推进，重型燃气轮机装机量迅猛增长。2003～2012 年，东方电气、哈尔滨电气、南京电气、上海电气等动力设备制造企业分别引进三菱、GE、西门子公司的 F/E 级重型燃机部分制造技术，进行本地化制造，燃气轮机装机容量跃上一个新的台阶。

2010 年，全国燃气轮机电站总装机达到 34 000 MW 以上，与 20 世纪 90 年代相比，新增装机 26 800 MW，新增装机中三分之二以上为打捆招标项目中的国产燃气轮机。截至 2012 年，我国重型燃气轮机制造企业已出厂（包括已运行、正在调试）的 F/E 级燃机共计 153 台，其中 F 级 115 台、E 级 38 台，安装于长三角地区的 F/E 级的燃机共 63 台，其中上海 15 台、江苏 23 台、浙江 25 台，具体见表 3-1。

表 3-1 近期重型燃气轮机使用情况

序号	地区和用户	燃气轮机情况	厂 家	时 间
1	北京三热	1×F级	东方电气	2002
2	深圳前湾	3×F级	东方电气	2002
3	深圳东部	2×F级	东方电气	2002
4	广东惠州	3×F级	东方电气	2002
5	上海漕泾	2×F级	哈动力	2002
6	江苏张家港	2×F级	哈动力	2002
7	江苏戚墅堰	2×F级	哈动力	2002
8	江苏望亭	2×F级	哈动力	2002
9	杭州半山	3×F级	哈动力	2002
10	甘肃兰州热电	0×F级	哈动力	2002
11	四川江油	2×F级	东方电气	2004
12	浙江镇海	2×F级	哈动力	2004
13	广东珠江	2×F级	哈动力	2004
14	江苏金陵	2×F级	哈动力	2004
15	浙江萧山	2×F级	上海电气	2004
16	河南郑州	2×F级	上海电气	2004
17	河南中原	2×F级	上海电气	2004
18	上海石洞口	3×F级	上海电气	2004
19	深圳美视	1×E级	南汽	2004
20	青海格尔木	2×E级	南汽	2004
21	福建莆田	4×F级	东方电气	2005
22	福建晋江	4×F级	哈动力	2005
23	厦门东部	2×F级	上海电气	2005
24	广东横门	2×F级	哈动力	2007
25	上海临港	4×F级	上海电气	2009
26	北京太阳宫	2×F级	哈动力	2006
27	湖北武昌	1×E级	南汽	2006
28	北京郑常庄	2×E级	上海电气	2006
29	天津临港 IGCC	1×E级	上海电气	2007
30	宁夏哈纳斯	5×E级	上海电气	2011
31	崇明岛	2×F级	上海电气	2009
32	江苏戚墅堰	2×E级	东方电气	2011
33	北京高碑店	2×F级	东方电气	2011
34	四川江油	2×F级	东方电气	2011
35	北京京桥	2×F级	上海电气	2011
36	江苏吴江	2×E级	南汽	2011
37	江苏淮安	2×E级	南汽	2011
38	江苏仪征	3×E级	上海电气	2011
39	北京高安屯	2×F级	上海电气	2011
40	萧山3期	1×F级	上海电气	2011

（续表）

序号	地区和用户	燃气轮机情况	厂　家	时　间
41	半山 2 期	3×F 级	哈动力	2011
42	镇海 2 期	3×F 级	哈动力	2011
43	浙江常山	1×F 级	东方电气	2011
44	天津陈塘庄	4×F 级	东方电气	2011
45	大唐广东宝昌	2×F 级	东方电气	2011
46	大唐国际高井	2×F 级	东方电气	2011
47	大唐浙江绍兴江滨	2×F 级	东方电气	2011
48	大唐广东高要	2×F 级	上海电气	2011
49	大唐江苏常熟	2×E 级	南汽	2011
50	北京京能未来城	2×E 级	上海电气	2011
51	北京京能西北热电	3×F 级	上海电气	2011
52	中电投横琴岛	2×F 级	哈动力	2011
53	华能南京金陵	2×E 级	南汽	2011
54	协鑫-苏州工业园	2×E 级	南汽	2011
55	中南海中山嘉明	3×F 级	东方电气	2012
56	中海油珠海	2×F 级	东方电气	2012
57	河南周口	2×F 级	上海电气	2012
58	浙能长兴	2×F 级	上海电气	2012
59	华东江北(半山)	2×F 级	东方电气	2012
60	神华国华北京东北热电	2×F 级	东方电气	2012
61	国电中山民众	3×E 级	上海电气	2012
62	华电浙江龙游	2×E 级	南汽	2012
63	华能天津临港经济区	2×F 级	哈动力	2012
64	华能重庆两江新区	2×F 级	东方电气	2012
65	东莞中电新能源热电厂	2×F 级	东方电气	2012
66	华能桐乡天然气热电联产	2×E 级	哈动力	2012
67	华能苏州燃机热电联产	2×E 级	南汽	2012
68	江苏国信宜兴	2×F 级	上海电气	2012
69	上海华电奉贤	2×F 级	上海电气	2012
70	上海中电投闵行燃机	2×F 级	上海电气	2012

3.2.3.2　重型燃气轮机需求

随着我国能源需求迅猛增长以及天然气资源进入大规模开发利用阶段,必将带动重型燃气轮机需求的爆发性增长。按照规划,2015 年国内燃气轮机的市场容量能达到 300 亿元,国际市场容量则能达到 2 700 亿元。

长三角地区经济基础雄厚,发展迅速,必然引发能源需求的迅猛增长。由于天然气联合循环具有建设周期短、效率高、安全环保等优点,建设燃气轮机电厂是满足长三角地区未来电力需求的必然选择。

上海"十二五"电力发展规划指出要加快燃气轮机电厂建设,结合天然气气源、城市管网布局,在城市外围建设大型燃气发电基地,同时结合地区用电需要,布置适当区域性天然气发电机组。

江苏"十二五"能源发展规划指出,要按照天然气利用政策,发展燃气发电,在负荷中心地区有序发展先进、大型、高效天然气热电联产和调峰发电。在沿江、沿海地区交通、水资源等条件适宜的地点布局建设一体化煤气化联合循环多联产示范工程。

浙江"十二五"及中长期电力发展规划指出,为提高电力供应的安全可靠性,保障用电高峰和事故应急用电,在各负荷中心规划布局建设天然气发电机组和分布式热电冷三联供机组。"十二五"时期新增天然气发电 9 000 MW 左右,"十三五"时期新增 5 000 MW 左右,2021~2030 年新增 5 000 MW 左右。

因此,我国未来重型燃机市场前景良好,同时长三角地区的装机量将保持快速增长的趋势。

3.2.3.3　上海重型燃气轮机使用情况

截至 2013 年,上海市内共有 4 家燃气轮机电厂,分别是上海闸电燃汽轮机发电有限公司、上海漕泾热电有限责任公司、上海奉贤燃机发电有限公司、华能上海燃机电厂,其中几家典型燃气轮机电厂的具体情况介绍如下。

1) 上海漕泾热电有限责任公司

上海漕泾热电有限责任公司是我国西气东输工程配套的第一座燃气-蒸汽联合循环热电厂,于 2004 年 4 月开工,2005 年 12 月实现投产。电厂拥有 2 台 GE 生产的 9FA 燃气轮机联合循环发电机组,每台机组包括 1 台 300 MW 燃机、1 台汽机以及 1 台余热锅炉,以"西气东输"工程的天然气为燃料,燃油作为辅助燃料。两台机组可产电 658 MW 及蒸汽 660 t/h。

该热电厂是亚洲最大的上海化学工业区循环经济"一体化"中重要的组成部分,为区域内大型跨国化工企业统一供给优质的电能、热能和除盐水,实现了能源的高效利用,很好地体现了循环经济理念。投运当年即盈利 7 000 万元,之后每年都能够有 1 亿~2 亿元的盈利,供电标煤耗已从 297.69 g/(kW·h) 降低到 218.17 g/(kW·h),发电厂用电率由 4.26% 下降到 1.92%。在 1 Nm³ 天然气价格还是 2.22 元时,电量电价为 0.46 元,1 kW·h 电能够盈利 0.01 元左右,随着天然气价格上涨到 2.62 元/Nm³,虽然电量电价也涨到 0.51 元,发电产生的利润减少,只能有约 0.1 分/(kW·h) 的微利,赢利主要依靠供热。

2) 华能上海燃机电厂

华能上海燃机电厂是华能石洞口发电厂下属的三家电厂之一,位于石洞口第一发电厂和第二发电厂之间。燃机电厂拥有三台发电能力为 350 MW 的 V94.3A 型燃气-蒸汽联合循环机组,使用西气东输工程的天然气作为燃料。电厂建设工程从 2005 年 4 月 8 日开始,2006 年 7 月 31 日全面投入商业运行。电厂投产后,各项性能指标优良,实现了整体效率高、启动速度快的调峰功能,缓解了上海夏季高峰用电紧缺、峰谷差大的局面,确保了电网运行的可靠性、稳定性,社会效益显著。

上海是开放型、现代化大都市,经济持续快速发展,GDP 快速增长,相应地,上海用电量也快速增长,最大峰谷差逐年加大。上海发电量及装机容量的增长速率低于用电增长速率,其电力发展面临巨大挑战。同时,全社会对环保的要求越来越高,煤电厂污染严重、增容受限。重型燃气轮机联合循环电站使用天然气为燃料,清洁无污染,代替煤电,可以改善环境,同时建设周期短,发电量大,可以满足市内快速增长的用电需求。此外,燃气轮机电站调峰能力强,可有效解决电网调峰矛盾。

上海电力"十二五"规划指出要重点发展燃气等清洁能源发电,以优化市内装机结构,新增燃气轮机 3 200 MW,将燃气轮机占市内装机的比重提高到约 30%,如图 3-2 所示。重型燃气轮机电站的优点和重要作用已经获得上海市政府的认可,燃气轮机在上海市的电力发展中将起着越来越重要的作用,逐步成为电力安全的重要保障。

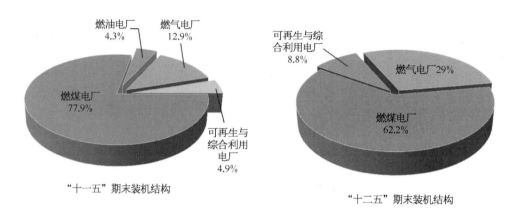

图 3-2　上海市电厂装机结构

3.2.4　中小型燃气轮机使用状况及分析

由于具有燃料多样、用水少、安装周期短、开停灵活、自动化程度高、运行平稳、可靠性高、寿命长等优点,中小型燃气轮机在工业中作为机械驱动具有明显的优势,因此它在海上油气平台、油气田、各类石油化工厂、钢铁厂、炼焦厂中有着广泛的应用。应用方式主要有两种,一是驱动发电机组发电,企业自产自用,例如胜利油田孤北电厂;另一种方式是作为大型机泵或压缩机的驱动设备,例如西气东输管线上的增压站。

燃气轮机在我国工业中有一定量的使用,主要是 GE、Solar、RR 公司的中小型燃气轮机。由于进口机组成本高,国产燃气轮机性能差,燃气轮机在国内工业领域的应用一直受到限制。随着国家对企业的排放和环保要求越来越高,我国工业用能需求不断增长,燃气轮机技术有所突破,预计未来的 5~10 年将是工业领域大量装备燃机的新阶段。

工业驱动燃气轮机在天然气管道输送、石油化工领域、油气田和冶金行业这四个典型领域的使用情况如下。

3.2.4.1　天然气管道输送

自从 20 世纪 50 年代以来,中小型燃气轮机在天然气管道增压站中得到了广泛应用。例如西伯利亚至西欧的长约 2 000 km(六条干线组成)的输气管线,有 172 个燃气轮机增压站。与国外相比,我国长输天然气管道发展较晚,1986 年 8 月,在中沧输气管道濮阳增压站首次使用燃气轮机驱动压缩机。2005 年以后,随着涩宁兰、西气东输等管道的建设,燃气轮机在国内管线输送领域得到了广泛应用。截至 2011 年,我国已经有近 20 条天然气管道使用燃气轮机驱动压缩机,已安装投产的长输天然气管道压缩机近 200 台,其中燃气轮机驱动的机组为 146 台,部分管道使用的燃气轮机情况见表 3-2。预计 2015 年我国管道燃气轮机的数量将超过 200 台,总装机功率超过 5 000 MW。

表 3-2　部分长输天然气管道燃气轮机驱动机组配置情况

序号	管道名称	增压站数量	燃气轮机驱动机组(套)	投产年份
1	中沧管道	1	2	1986
2	南海 13-1 至香港海底管道	1	2	1995
3	陕京一线	3	3	2000～2003
4	陕京三线	2	3	2011
5	西气东输一线	22	46	2005～2009
6	西气东输二线	14	34	2010
7	涩宁兰管道及复线	4	12	2005～2010
8	中亚管道	9	29	2009～2011

我国管道用燃气轮机的应用有如下特点:进口机组为主,型号集中,目前国内管道用燃气轮机市场被 GE、RR 和 Solar 三家供应商所瓜分,数量最多的为 PGT25+、RB211 和 Titan130 三种机型。现在七○三所从舰船燃气轮机 CGT25 衍生的 CGT25-D 燃压机组,已正式列装增压管线运行。机组备用方式为主,为减少机组失效对管道运行的影响,压气站主要采用机组备用方式。大功率机组为主,未来一段时间内,30 MW 及以上量级的燃气轮机仍将是我国管道驱动的主选机型,20 MW 以下的小功率燃气轮机将主要应用于支干线和联络线,以及在干线管道建设初期调节输量时选用。

3.2.4.2　石油化工领域

燃气轮机在石油化工领域应用广泛,除了用于驱动压缩机和泵,还用于自备电站,使用情况见表 3-3。

表 3-3　部分石油化工企业使用燃气轮机的情况

序号	使用厂名称	型号	功率(MW)	燃料	厂商	台数	安装年份
1	紫光天化蛋氨酸公司	QDR20	2	天然气	南方燃机	9	2013
2	潍焦集团薛城能源公司	QDR20	2	焦炉煤气	南方燃机	5	2013
3	景德镇开门子陶瓷化工	QDR70	6.75	焦炉煤气	南方燃机	2	2013
4	河南天冠工业沼气公司	QDR129	12.9	生物沼气	南方燃机	2	2013
5	江西宏宇能源发展公司	QDR20	2	焦炉煤气	南方燃机	3	2012
6	娄底市五江实业公司	QDR20	2	焦炉煤气	南方燃机	1	2012
7	山东济矿民生热能公司	大力神 130	15	焦炉煤气	Solar	2	2012
8	青海庆华集团煤化公司	大力神 130	15	焦炉煤气	Solar	2	2012
9	山东诚力供气公司一期	大力神 130	15	焦炉煤气	Solar	3	2012
10	徐州伟天化工公司	QDR20	2	焦炉煤气	南方燃机	6	2011

(续表)

序号	使用厂名称	型号	功率(MW)	燃料	厂商	台数	安装年份
11	涟源市汇源煤气公司	QDR20	2	焦炉煤气	南方燃机	2	2011
12	河南鑫磊诚宇焦化公司	金牛60	5.67	焦炉煤气	Solar	1	2011
13	山东金能煤气化公司	大力神130	15	焦炉煤气	Solar	3	2011
14	江苏天裕集团	大力神130	15	焦炉煤气	Solar	3	2011
15	山东诚力供气有限公司	大力神130	15	焦炉煤气	Solar	1	2011
16	西山煤气化公司	金牛60	5.67	焦炉煤气	Solar	2	2010
17	河南顺成集团煤焦公司	大力神130	15	焦炉煤气	Solar	2	2009
18	山东金能煤气化公司	大力神130	15	焦炉煤气	Solar	1	2009
19	惠州炼油分公司	PG6581B	42	天然气	南汽GE	1	2009
20	内蒙古太西煤集团	金牛60	5.67	焦炉煤气	Solar	2	2008
21	山东金能煤气化公司	金牛60	5.67	焦炉煤气	Solar	3	2008
22	河南中鸿集团煤化公司	QDR20	2	焦炉煤气	南方燃机	1	2006
23	山东金能煤气化公司	金牛60	5.67	焦炉煤气	Solar	1	2006
24	山西三维华邦集团公司	QD100A	11.25	焦炉煤气	中航世新	1	2005
25	山东南郊环保节能公司	QDR20	2	驰放气	南方燃机	5	2004
26	山东铁雄冶金科技公司	QDR20	2	焦炉煤气	南方燃机	5	2004
27	中海石油化学富岛二期	MS5002C	1.0	天然气	GE	1	2003
28	河北峰峰矿务局	QDR20	2	焦炉煤气	南方燃机	3	2002
29	陕西榆林子州电站	QDR20	2	天然气	南方燃机	2	2002
30	山西晋城矿务局	QDR20	2	煤层气	南方燃机	6	2000

3.2.4.3　冶金行业

燃气轮机在冶金行业也有广泛的应用,其中钢铁厂和炼焦厂是燃气轮机的两个主要用户。

钢铁厂生产过程中会产生大量多余高炉煤气,由于高炉煤气是低热值燃气,需选用专门的燃气轮机,相关制造商及机组型号见表3-4。

表3-4　低热值燃料的燃气轮机制造商及其机型

制造商	燃气轮机机型	制造商	燃气轮机机型
日本三菱	MW-151,MW-251, MW-701,MW-501	德国西门子	V94.2,V94.3A
日本川崎	GT11N2	阿尔斯通(ABB)	GT11N2
美国GE	MS6001B	南京汽轮机厂	PG6581B-L(MS6001B)

1997年,在上海宝钢集团有限公司(简称宝钢)建成国内第一台高炉煤气联合循环电站,机组由日本川崎-瑞士ABB公司制造,燃料热值为3 266 kJ/m³,输出功率145 MW,可供应蒸汽180 t/h,热电转换效率46.52%。高炉煤气发电燃机的使用可以有效降低生产成本,经济效益显著。可以预见,国内会有越来越多的高炉煤气燃气轮机发电机组,市场需求旺盛。部分高炉煤气发电燃气轮机使用情况见表3-5。

表 3-5　部分高炉煤气发电使用燃气轮机情况

序号	使用厂名称	型　号	功率(MW)	燃　料	厂　商	台数	年份
1	太原钢铁厂	M251S	26.6	高炉、焦炉煤气	杭汽	1	2009
2	鞍山钢铁厂	M701S(F)	300	高炉、焦炉煤气	日本三菱	1	2007
3	马鞍山钢厂	M701S(DA)	133	高炉、焦炉煤气	日本三菱	1	2007
4	济南钢铁厂	PG6561B-L	49.35	高炉、焦炉煤气	南汽	2	2004
5	通化钢厂	PG6561B-L	56	高炉、焦炉煤气	GE	1	2002
6	宝钢	11N2	145	高炉煤气	ABB	1	1997

我国焦化企业分布广、数量多、总体产能大,在生产过程中产生大量焦炉煤气,焦炉煤气热值一般为 17 900 kJ/m³,约是天然气的一半,经加压后可以直接用于中小型燃气轮机发电。2005~2013 年,国内焦炉煤气燃机发电项目见表 3-6。随着国家对焦化厂的排放要求越来越高,可以预见未来会有更多的焦化厂装备燃气轮机发电机组。

表 3-6　部分焦化厂使用燃气轮机的情况

序号	使用厂名称	型　号	功率(MW)	燃　料	厂　商	台数	年份
1	徐州腾达焦化公司	QDR20	2	焦炉煤气	南方燃机	4	2013
2	河南鑫磊集团诚宇焦化公司	金牛 60	5.670	焦炉煤气	Solar	1	2011
3	山西立恒钢铁	大力神 130	15	焦炉煤气	Solar	4	2011
4	七台河龙洋焦电	QDR20	4	焦炉煤气	南方燃机	6	2011
5	汝州天瑞煤焦化	大力神 130	15	焦炉煤气	Solar	2	2011
6	汝州天瑞煤焦化公司	大力神 130	15	焦炉煤气	Solar	2	2011
7	河南顺成集团煤焦公司	大力神 130	15	焦炉煤气	Solar	6	2010
8	河南鑫磊集团诚宇焦化公司	金牛 60	5.67	焦炉煤气	Solar	1	2010
9	山东新泰正大焦化	QDR20	2	焦炉煤气	南方燃机	5	2008
10	山西曙光煤焦集团	QDR20	2	焦炉煤气	南方燃机	6	2007

3.2.4.4　油气田使用

油气田的油气资源丰富,燃料来源丰富,燃气轮机主要用于自备电站,驱动压缩机或泵,进行注水、注气等。目前,国内几大油气田和各种小型海上油气平台都配备了一定数量的中小型驱动燃气轮机,具体参见表 3-7。

表 3-7　国内部分油气田使用燃气轮机情况

序号	用 户 名 称	型　号	功率(MW)	厂　商	台数	年份
1	长庆油田西一联	QDR20	2	南方燃机	3	2007
2	塔里木油田油气公司	TITAN130	13	Solar	3	2004
3	新疆轮南油田	MARs100	30	Solar	3	2000
4	塔西南勘探开发公司	TITAN130	3.9	Solar	3	2001

（续表）

序号	用 户 名 称	型 号	功率（MW）	厂 商	台数	年份
5	新疆塔西南勘探公司	SPEY	11.7	英国 RR	1	1993
6	胜利油田注水泵站	QDR20	2	南方燃机	1	1989
7	大庆油田萨中油气厂	TORANDO	6	RUSTON	1	1990

3.2.5 舰船燃气轮机使用状况及分析

目前,发达国家舰船燃气轮机研制生产已经系列化,在航空母舰、巡洋舰、驱逐舰以及护卫舰中约有 3/4 的舰船采用了燃气轮机。在舰船燃气轮机中有美国的 LM2500 型、乌克兰的 UGT15000 型和英国的 SMIC 型,其中 LM2500 应用广泛,总的装舰量已超过 1 000 台,在 27 个国家近 400 艘舰船上使用。表 3 - 8 为舰船燃气轮机情况。

表 3 - 8 典型的舰船燃气轮机

生 产 厂 家	型 号	功率（kW）	效率（%）	压比	空气流量（kg/s）	燃气初温（℃）	开始使用年份
美国 GE 公司船舶发动机分部（GE Marine Engines）	LM2500	24 618	37.1	19.3	70.3	1 170	1969
	LM2500+	30 213	39.0	22.2	85.7	1 205	1998
	LM2500+G4	35 338	39.4	24.0	92.9		2005
	LM6000PC	42 768	42.0	28.5	123.8	1 243	1997
英国 RR	MT - 30	36 000	40	24.0	113		2004
	WR - 21	25 252	42.0	16.2	73.0		1997
乌克兰"曙光-机械设计"科研生产联合体（Zorya-Mashproekt）	UGT15000+	20 515	36.0	19.4	73.9	1 160	1998
	UGT25000	28 670	36.0	21.0	91	1 250	1993

我国舰船燃气轮机使用数量少,国产舰船燃气轮机成熟度低,落后于世界海军强国,目前在我国舰船上使用的燃气轮机大多为进口。

随着我国海军的快速发展,舰船燃气轮机需求量大。除了使用进口燃气轮机外,国产舰船燃气轮机已研制成功,国产舰船燃气轮机已经迈出了关键一步。

3.2.6 分布式供能燃气轮机使用状况及分析

分布式供能系统能源综合利用率高,调峰性能好,安全环保,经济效益好,是新型能源利用方式,其动力核心设备是微型燃气轮机、中小型燃气轮机。

3.2.6.1 我国分布式供能燃气轮机使用情况

我国发展分布式供能始于 1997 年,目前在上海、北京、广州等地已经建成一批分布式供能项目,"十一五"期间（含以前）分布式供能应用见表 3 - 9。

表 3-9　"十一五"期间分布式供能使用燃气轮机的情况

序号	用　户	燃气轮机情况	形　式
1	上海浦东机场	1×4 MW	冷热电
2	中电投高培中心	1×250 kW	冷热电
3	同济医院	2×250 kW	冷热电
4	市北燃气销售公司	1×65 kW	冷热电
5	上海英格索兰压缩机	1×250 kW	冷热电
6	上海航天能源公司	1×30 kW	冷热电
7	北京次渠站综合楼	1×80 kW	冷热电
8	北京软件广场	1×1.2 MW	冷热电
9	北京中关村国际商城	2×4 MW	热　电
10	北京中关村软件园	$4 \times 5\,045$ kW	冷热电
11	北京中国科技促进大厦	4×80 kW	冷热电
12	北京国际贸易中心三期	4×4 MW	冷热电
13	北京奥运 9♯楼	1×1.25 MW	冷热电
14	清华文津国际公寓	2.4 MW	冷热电
15	广州大学城	2×4.2 MW	冷热电
16	深圳龙岗区	2×500 kW	冷热电
17	广州白云某住宅小区	2×80 kW	冷热电
18	广州萝岗中心区	2×4 MW	冷热电

2010 年 4 月,国家能源局发布《关于天然气分布式发电指导意见(征求意见函)》,意见指出到 2012 年底要建成 1 000 个天然气分布式能源项目,此后,分布式供能建设进入了快速阶段。

3.2.6.2　上海分布式供能燃气轮机使用情况

上海是国内最早开始分布式供能研究和示范的地区之一,市政府已将发展分布式供能系统作为推进节能减排工作的重要部分。目前上海市已建成几十个分布式供能系统,分别用在办公楼、工厂、交通枢纽、医院、宾馆和学校,部分典型的燃气轮机分布式供能系统见表 3-10。

表 3-10　上海分布式供能燃气轮机使用情况

序号	用　户	燃气轮机情况	场　合	类　型
1	浦东国际机场	1×4 MW	机　场	冷热电
2	中电投高培中心	1×250 kW	学　校	冷热电
3	同济医院	2×250 kW	医　院	冷热电
4	市北燃气销售公司	1×65 kW	办公楼	冷热电
5	申能能源中心	1×200 kW	办公楼	冷热电
6	上海第一人民医院松江分院	3×65 kW	医　院	热　电
7	上海英格索兰压缩机	1×250 kW	工　厂	热　电
8	上海航天能源公司	1×30 kW	工　厂	冷热电

3.2.6.3 北京分布式供能燃气轮机使用情况

2013年4月,北京出台《北京市鼓励发展天然气分布式能源系统实施意见(试行)》,通过资金奖励、优惠气价、电力并网等鼓励用户和专业化公司及社会资本投资、建设、运营分布式能源系统,支持对象包括政府机关、医院、宾馆、大型商场、商务楼宇、商业中心、大型交通枢纽、数据中心等。部分典型的燃气轮机分布式供能系统见表3-11。

表 3-11 北京分布式供能燃气轮机使用情况

序号	用　户	燃气轮机情况	场　合	类　型
1	北京次渠站综合楼	1×80 kW	地铁站	冷热电
2	北京软件广场	1×1.2 MW	办公楼	冷热电
3	北京中关村国际商城	2×4 MW	商业中心	热　电
4	北京中关村软件园	$4 \times 5\,045$ kW	办公楼	冷热电
5	北京中国科技促进大厦	4×80 kW	商业中心	冷热电
6	北京国际贸易中心三期	4×4 MW	商业中心	冷热电
7	北京奥运9#楼	1×1.25 MW	体育中心	冷热电
8	清华文津国际公寓	2.4 MW	宾　馆	冷热电
9	北京南站	$2 \times 1\,600$ kW	火车站	冷热电

3.2.6.4 广东分布式供能燃气轮机使用情况

广州大学城分布式能源站是广东首个区域供冷项目,也是中国第一个商业性区域供冷工程,其规模在国际上都是处于前列的。据介绍,该项目预计投资达12亿元,建成10万kW级的燃气-蒸汽联合循环的热电冷三联供系统,系统综合热效率高达80.9%。预计可满足大学城约80%的能耗需求,对全国其他正在规划的大学城建设具有重要的示范作用。部分典型的燃气轮机分布式供能系统见表3-12。

表 3-12 广东分布式供能燃气轮机使用情况

序号	用　户	燃气轮机情况	场　合	类　型
1	广州大学城	2×4.2 MW	园　区	冷热电
2	深圳龙岗区	2×500 kW	住　宅	冷热电
3	广州白云某住宅小区	2×80 kW	住宅小区	冷热电
4	广州萝岗中心区	2×4 MW	商业中心	冷热电
5	广东鳌头分布式能源站	3×14.4 MW	园　区	冷热电

3.2.6.5 燃气轮机分布式供能发展

分布式供能是我国电力改革中的重要组成部分,国家能源局发布的《关于天然气分布式发电指导意见(征求意见函)》指出,到2020年要在大城市推广使用分布式能源系统,装机容量达到50 000 MW。

2011年,国家发展和改革委员会(简称国家发改委)、财政部等四部委已经下发的《发展天然气分布式能源的指导意见》提出,2015 年前完成天然气分布式能源主要装备研制。通过示范工程应用,当装机规模达到 5 000 MW 时,解决分布式能源系统集成,装备自主化率达到 60%;当装机规模达到 10 000 MW 时,基本解决中小型、微型燃气轮机等核心装备自主制造,装备自主化率达到 90%。到 2020 年,在全国规模以上城市推广使用分布式能源系统,装机规模达到 50 000 MW,初步实现分布式能源装备产业化。可见,我国天然气燃气轮机分布式供能发展前景良好,国产燃机装备数量也会越来越多。

长三角地区经济条件好,城市多,天然气管网完整,气源多样充足,对用电安全性要求高,非常适合和有必要发展分布式供能系统。上海、江苏等长三角省市都出台了积极发展分布式供能的规划。上海市"十二五"电力发展规划指出,到 2015 年,热电联产装机要超过 2 000 MW,新建 50~60 个分布式供能系统。江苏"十二五"能源发展规划提出,重点在热负荷强度高的主城核心区发展天然气为燃料的热电联产,到 2015 年,天然气分布式能源装机容量达 800 MW。浙江"十二五"及中长期电力发展规划也很明确指出,为提高电力供应的安全可靠性,保障用电高峰和事故应急用电,在各负荷中心规划布局建设天然气分布式冷热电联供机组。可见,未来一段时间内,长三角地区天然气燃气轮机分布式供能会有很大的发展。

3.2.6.6　燃气轮机分布式供能发展存在的问题

分布式供能系统近来在我国得到了快速发展,分布式供能系统的种类逐渐增多,总装机容量也逐年增加。但在公共意识、天然气价格、技术储备、运行机制、行政许可、投融资等方面,还存在不同程度的问题和制约因素,这些问题和制约因素成为我国分布式供能系统健康发展的瓶颈。

目前分布式供能系统在能源体系中的比重较小,其重要性不为大多数人所知,不利于分布式发电项目的推广。积极宣传分布式供能系统的环境效益和社会效益,提高民众对分布式供能系统的认识,或通过典型项目的示范作用扩大分布式发电项目的社会影响,可以提升分布式发电项目的认可度,更有助于分布式供能系统的推广。

目前天然气的发电成本远高于煤电成本,大部分天然气发电企业只得靠补贴存活。用户遇到的主要问题有天然气价格上涨幅度过大和供气量不足、并网发电手续繁琐、天然气气压变动过大等。初步分析表明:天然气的价格上涨对分布式供能系统的生存空间影响很大,(估计)如果天然气价格提高 2.0 元/Nm³ 以上,分布式供能系统将全面亏损。

分布式供能系统技术是新兴领域,技术储备相对薄弱。目前分布式供能系统采用的原动机多数为进口。进口燃气内燃机的价格相对较低,回收期较短;进口燃气轮机价格高,回收期较长。

在现行的电力管理和监管体制下,分布式供能系统对提高电网运行的安全性与可靠性的潜力尚待挖掘,分布式供能系统的环境效益和其他公共效益尚未充分体现。分布式供能系统普遍存在并网难的问题,未充分考虑分布式供能系统对改善电网负荷特性、节约电网投资、减少线路损耗和削峰填谷的作用。原因主要有两方面,一方面分布式能源在并网过程中,由于其能源的随机性,可能会影响电网稳定性。另外并网运行的分布式电源又是一个独立于电网之外的自备电源,很容产生孤岛效应,对电网系统、用电设备、用户和维修人员造成一定危害。

分布式供能项目一般规模小、投资少,与常规电力项目相比,在行政许可方面前期准备费用相对较高。建议在制定城市规划和能源规划时,优先考虑分布式发电设施,提前做好规划和安排,简化行政许可的审批程序和手续。

在目前市场条件下,分布式供能项目的投资者多为中小型企业,资金实力不雄厚,融资难度大。分布式供能系统的投资者需要承担较高的投资风险,影响了投资者的积极性。政府应给予政策上的支持,以降低分布式发电项目的投资风险。

3.2.7　国内燃气轮机企业发展情况

在我国特别是长三角地区有一批燃气轮机研究、生产制造和产品配套的单位,在燃气轮机生产制造方面,除了上海电气是我国三大动力装备生产制造基地之一,南京汽轮电机公司也是我国主要的燃气轮机生产基地,还有杭州汽轮机公司也有一定的制造能力和业绩,在关键部件配套方面有无锡透平叶片有限公司、江苏永瀚特种合金技术有限公司等,在科研方面有上海交通大学、上海大学、上海电气、上海发电设备成套研究院、南京航空航天大学和浙江大学等。

3.2.7.1　南京汽轮电机集团公司

南京汽轮电机集团公司创建于 1956 年 1 月,在 20 世纪 60 年代初生产出国内第一台发电用燃气轮机,1984 年与美国 GE 公司建立了 6B 系列燃气轮机(40 MW 等级)合作生产关系,已经生产 71 台。2004 年引进 GE 公司技术开始生产 9E 燃气轮机(125 MW 等级),已经生产 18 台。2012 年与 GE 公司签订了 6FA 燃气轮机(70 MW 等级)技术引进协议,6FA 燃气轮机由 GE 牵头设计和生产,效率为 35.5%,已经生产 2 台。

南汽拥有自己的试车台,可以进行 GE 公司 6B 燃气轮机发电机组和 9E 燃气轮机发电机组整机测试和试验,具有近 100 台 6B、9E 燃机的试车经验,具备了独立试车和故障处理的能力,掌握了运行、强度振动测试和处理技术,在长三角地区试车实验方面具有比较雄厚的实力,在检修热部件等方面也有优势。

3.2.7.2　无锡透平叶片有限公司

无锡叶片公司主营业务是为大型电站汽轮机、燃气轮机、航空发动机及各类透平动力装备提供叶片和航空锻件,产品被广泛应用于能源电力、航空航天、船舰装备及石化等领域,是我国最大的涡轮叶片生产基地,在电站大型涡轮叶片国内市场上的综合占有率达 80% 以上。

无锡叶片公司建有国家能源大型涡轮叶片研发中心,针对叶片及关键动力部件的制造技术开展研究,提升我国重大装备自主创新能力和核心竞争力。公司拥有 80 余台国际先进的五坐标数控叶型加工中心,多台先进的数控强力磨床,还配备 10 余台三坐标测量仪、叶片表面喷丸设备、司太立合金片钎焊机、激光表面处理和智能机器人抛光等先进的专业工艺和检测设备,具备年产 30 万片以上各类叶片的制造能力。

3.2.7.3　江苏永瀚特种合金技术有限公司

江苏永瀚公司以镍基、钴基等高温特种合金精密铸造技术为核心,为各类工业燃气轮机、航空、航天及船舶动力燃气轮机提供大尺寸、多类型的等轴、定向、单晶的热端部件及结构件。逐步发展成为具备蜡模模具、陶瓷型芯模具的设计、加工能力,陶瓷型芯的生产加工能力,精密铸件机械加工制造和以热等静压技术为主的后期热处理能力的工艺成套加工、技术全面的零件和部件成品的生产、研发型企业。

江苏永瀚公司引进了国内外高温叶片铸造生产行业专家团队,其中引进国外高级技术专家 16 人,引进了高温合金叶片制造的关键技术、叶片精密铸造工艺结构设计技术、叶片陶瓷型芯的设计制造技术、叶片定向凝固工艺技术、热处理技术及焊接等技术。

江苏永瀚公司购买了精密铸造及相关设备 173 台,其中 123 台为进口设备,如先进的压蜡机、蜡模检测设备,先进的制壳生产线,先进的等轴、定向熔炼炉、单晶熔炼炉,先进的铸件全套后处理设备,现代化的检验、试验设备。

3.2.8 上海燃气轮机产业状况

上海是我国重要的动力基地,上海电气是我国三大动力装备生产制造基地之一;上海交通大学在燃气轮机整体设计、基础研究、关键技术、高温合金、特种加工等方面取得了一批重要成果;上海发电成套研究院在重型燃气轮机开发方面积累了技术基础;上海大学在高温合金制造方面取得了突破;上海还有很强的燃气轮机产业配套能力。

3.2.8.1 上海燃气轮机研发基础

经过 60 多年的发展,上海已经建立了制造厂、大学、研究院所、用户等完整的产业链,是我国燃气轮机重要的研制、生产、应用基地,具备了较好的自主研发及产业发展基础。

1)"产学研用"合作

上海已经初步形成"产学研用"合作的良好机制和模式。上海电气、上海交通大学、上海发电设备成套设计研究院、上海大学、中国科学院高等研究院、宝钢、申能临港燃机电厂等单位开展交叉合作,围绕燃气轮机技术攻关和产业化,相继合作建设了若干个产学研联合体,如:上海电气、上海交大、上海发电设备成套设计研究院在上海市政府的支持下组建了上海市燃气轮机工程研究中心;宝钢、上海电气组建了"材料联盟",开展燃气轮机高温材料研制攻关;上海电气、中国科学院金属材料研究所联合开展大功率燃气轮机高温叶片国产化研制;上海交通大学和上海电气参与了科技部"863"项目——R0110 重型燃气轮机研制项目,进行总体性能研究、转子轮盘制造和装配;上海电气和申能集团燃机发电厂合作,在燃气轮机发电应用中提升燃气轮机国产化率的技术攻关;此外,江南造船集团、沪东中华造船集团是海军装备的重要研制单位,也是舰船燃气轮机的主要需求方,为燃气轮机产学研用合作创造了条件。

2)燃气轮机研发和制造

20 世纪 50~70 年代,上海电气在自主研发 120 kW~12 MW 燃气轮机的过程中,掌握了燃气轮机的设计计算、试验、制造等能力。

2003 年,上海电气通过"打捆招标"引进消化西门子 E/F 级(V94.3)燃气轮机技术,掌握了 E 级和 F 级燃气轮机制造技术,具备了较强的制造能力和 E/F 级燃气轮机总成套能力。"十一五"期间,上海汽轮机厂新建面积 8 733 m² 的燃气轮机总装厂房,建有能同时装配燃气轮机、蒸汽轮机的 8 个"重量级"总装台位,燃气轮机产能达到年产 24 台,获得燃气轮机合同共计 55 台,其中 39 台为 F 级燃气轮机,16 台为 E 级燃气轮机,国内市场占有率达到 35% 以上。目前上海电气制造的重型燃气轮机已投运 27 台,这些 F 级和 E 级燃气轮机机组运行稳定,积累了丰富的运行维护和客户服务经验。

3)科研成果

上海电气在燃气轮机研究中取得了大量成果,在建设自主的燃气轮机设计、试验平台,形成自主的燃气轮机技术体系基础上,开展燃气轮机总体热力、气动、轴系、控制等方向的研究,形成 15 项专利、10 项设计计算软件、60 余个专项技术报告。

上海交通大学是国内最早成立燃气轮机教研室的高校,翁史烈院士领导的课题组 1985 年完成了"915"航空涡扇燃气轮机顶切试验研究,获得国家科学技术进步三等奖;1988 年完成了阿依-24 发动机振动故障研究,获得了国家科技进步一等奖;2004 年完成了多级离心压缩机气动设计方法与应用,获得了国家科技进步二等奖;完成了多项国家"燃气轮机技术及相关研究"的"863"和"973"项目,取得一批研究成果;拥有多个燃气轮机研究实验平台,发明专利 10 余项,发表科研论文几百篇。

上海大学开展了高温合金叶片制造技术研究,掌握了制造大型燃气轮机叶片各工艺过程的关键技术,成功研制出定向凝固空心叶片和单晶叶片(叶片重量约 10 kg),主要性能和质量指标已与西门子同类产品相当,为工程化批量制造叶片及研制更大型叶片奠定了基础。

3.2.8.2 上海燃气轮机产业的优势条件

1)上海大环境

上海正在加快建成四个中心:国际经济中心、国际金融中心、国际航运中心、国际贸易中心;中央要求上海努力做到四个率先:率先转变经济增长方式、率先提高自主创新能力、率先推进改革开放、率先构建社会主义和谐社会。这样改革、创新、开放、国际化的大环境十分有利于国家重大专项的实施,宝钢、洋山深水港、商飞、2012 世博会等的成功都证明了这一点。

2)上海是我国重要的动力基地

在新中国成立前后很长一段时间内,上海是全国唯一的动力基地,历史悠久、基础深厚(在 20 世纪 50 年代后期才逐步形成三大动力基地)。

上海动力基地为国产燃气轮机试制曾作出许多贡献,其中包括重型燃气轮机和舰船燃气轮机;2003 年开始,在国家统筹的打捆招标、引进技术、消化吸收的燃气轮机重大工程实施中成绩卓著,特别表现在技术队伍成长、产业链建设、产品质量稳定可靠性等方面。

上海电气拥有四个装备制造基地,最大的闵行基地和临港基地都与动力装备有关。闵行基地历史悠久,集中了西门子技术;临港基地是后起之秀,是一个具有国际竞争力的重型动力装备(包括核能、热能、风能)制造基地。

3)燃气轮机产业的上下游配套

上海是带动长江三角洲和整个流域地区发展的火车头,拥有门类齐全的机械、材料、能源、电子信息等各类骨干企业,具有工业产品设计—试验—验证—生产—应用等较为完善的产业链,有很强的燃气轮机产业的上下游配套能力。

(1)燃气轮机产业上游是高温材料、特种工艺开发能力。20 世纪 50 年代,上海交通大学材料科学系研究成功了某飞机重返天空的高温合金,上海大学研制成功了 F 级燃机的单晶叶片,宝钢提供了各种特种钢材。

(2)燃气轮机产业下游是很多大电厂、分布式供能系统以及船舶行业。上海有众多的燃气轮机联合循环电厂(如石洞口、漕泾、闸北等电厂),上海有 20 多个分布式供能系统(如浦东机场),上海是全国造船和海洋工程重要基地(如江南、沪东、外高桥造船基地)。

(3)燃气轮机气源有充足的保证。上海有完善的燃气管道和充足的气源。

(4)专业人才丰富。燃气轮机的研制依赖于优秀的研发团队,取决于高素质的人才。在吸引人才方面上海具有特殊的优势,已吸引了一大批全国乃至全球高端人才落户。在燃气轮机专业人才方面,围绕产业链初步集聚起一支人才队伍。经过多年的发展,上海在燃气轮机领域,从基础研究、设计研发到生产制造,从关键材料、零部件到整机成套,产学研用各单位已初步聚集形成了一支专业人才队伍。

上海交通大学燃气轮机学科现有中国工程院院士、博士生导师、教授、副教授及其他研究人员等 100 余名;上海电气及下属的上海汽轮机厂拥有设计、研发、制造人员 1 300 名左右;上海西门子燃气轮机热部件有限公司有相关技术人员 130 名;上海发电设备成套设计研究院的燃气轮机相关研发技术人员共 70 余人;江南造船(集团)有限责任公司、沪东中华造船(集团)有限公司等在舰船燃气轮机装舰安装、调试、检验等方面拥有一批经验丰富的高素质专业人员。

3.3　国内外燃气轮机比较

尽管国内燃气轮机水平有一定的发展,但是由于国外的快速发展,国内燃气轮机整体水平与国外先进水平相差很大。

3.3.1　技术水平

在科研能力方面,清华大学、上海交通大学、中国科学院工程热物理研究所、西安交通大学、七○三所、哈尔滨工业大学、上海发电设备成套设计研究院、南京燃气轮机研究所、国电公司热工研究院、上汽厂、哈汽厂和东汽厂等单位都有一定数量的科研人员和试验研究设备,取得了不少科研成果,但设备比较分散,多数性能现在已不太先进,且未形成完整的研究体系。

在制造能力方面,机械系统的企业经过"八五"、"九五"、"十五"改造,拥有了大型制造厂房、大型数控加工设备和精密测试设备,除高温合金叶片、燃烧室、特殊涂层等少数关键设备、工艺外,生产大型燃气轮机的能力缺口不大。

目前我国尚未形成严格意义上的燃气轮机产业,远未形成先进燃气轮机自主开发和制造的能力,总体水平落后国外先进水平 20～30 年。

我国重型燃气轮机与国外相比,主要差距如下:没有掌握核心设计技术、热端部件制造维修技术和控制技术,从核心技术自主研发综合能力角度看,全行业整体大大落后国际先进水平。

我国中小型和微型燃气轮机与国外相比,主要差距有:中小型工业燃气轮机研制尚处于起步阶段,尚无市场认可的产品,国内市场基本被国外燃气轮机垄断;微型燃气轮机研究刚刚起步,部分关键技术尚未取得突破。

我国舰船燃气轮机与国外相比,主要差距如下:尚未形成完善的舰船燃气轮机研发体系,不能满足海军装备发展需求。

3.3.2　知识产权

从中国、美国、英国、日本、德国、法国、瑞士等国家及欧洲专利局、世界知识产权组织在内的七个国家和两个组织的专利来看,燃气轮机相关专利共有 50 028 件,从 1991 年开始每年的专利申请量都在1 000件以上,其中2009年燃气轮机年专利产出最多,达到了2 480件。

从专利受理区域来看,在美国申请的专利最多,如图3-3所示,有15 361件,约占专利总数的31%。其次是日本、欧洲专利局、德国、英国等国家和组织。中国受理的专利有1 984件,约占专利总数的4%。

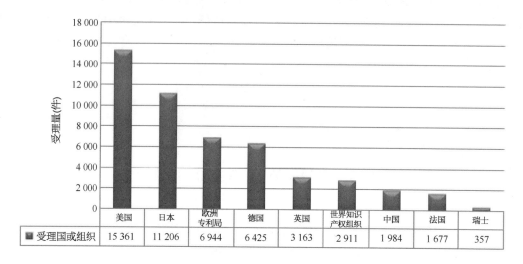

	美国	日本	欧洲专利局	德国	英国	世界知识产权组织	中国	法国	瑞士
■ 受理国或组织	15 361	11 206	6 944	6 425	3 163	2 911	1 984	1 677	357

图3-3 燃气轮机专利受理区域分布

从专利的发明人或申请人所在国家来看,美国人(机构)拥有16%的专利,达7 855件,远远超过其他国家。其次是德国、英国、日本、瑞士、法国、中国、加拿大、瑞典和意大利等国。中国人(机构)申请的专利只有833件,约占专利总量的1.7%。

目前国外几家燃气轮机巨头掌握了数量巨大的发明专利和商业秘密,有严密的知识产权法律保护体系,在和我国的合资合作中(例如打捆招标),一方面向我国转让部分技术,另一方面在我国申请大量燃气轮机专利,形成了专利壁垒,限制关键技术的转移,而我国基本上没有核心专利,燃气轮机自主研发过程中很可能发生知识产权冲突,如何进行规避的问题会越来越突出。

我国自主研发的燃气轮机将会产生大量的知识产权,为了更好地保护知识产权,首先需要做好保密工作,特别是核心技术。要积极申请中国专利,而且还要申请国际专利和他国专利,以保护我国燃气轮机在我国和外国的合法权益不受侵犯。

3.4 国内燃气轮机发展趋势

随着经济社会的快速发展,我国电力工业发展面临着能源需求和环境保护的双重压力。

发展高效、洁净、经济、可靠的先进能源动力系统,是未来中国能源体系建设的重要方向,是优化电力结构、加强污染物的控制和保护生态环境的重要举措。燃气轮机技术是复杂的高技术集成,是一个国家综合实力、科技能力以及工业水平的集中体现,是保证国家能源安全和竞争能力的战略保障。

由于历史原因,我国燃气轮机工业体系与美国、德国、日本、法国等国外先进水平相比有很大差距,国内的燃气轮机市场基本被国外品牌机组占领,燃气轮机维修、备品备件的供应也主要依赖国外公司。

近 10 年来,国家对燃气轮机技术的重视逐步加强。在通过"打捆招标"进行燃气轮机制造技术引进的过程中,国家积极支持"产学研用"结合,推进燃气轮机的本地化与产业化,科技部也将燃气轮机技术纳入"863"计划,支持燃气轮机设计与研制工作。经过多年的努力,国内燃气轮机关键科学技术的基础研究已具备一定实力,且近年来增长很快;同时,国内多家科研院所、高等院校及制造厂家在对引进技术进行消化吸收的基础上,根据重型燃气轮机国产化的需要,围绕燃气轮机关键技术的研发开展了许多研究工作,为掌握这项高新技术、形成自我开发能力打下了基础。随着"十三五"期间航空发动机及燃气轮机重大专项的实施,可以预见,我国燃气轮机产业将进入发展快车道,迎来蓬勃的发展机遇期。

1) 燃气轮机行业组织管理体系将进一步完善

随着重大专项的推进实施,将形成完善的燃气轮机行业组织管理体系,协调解决燃气轮机发展中的重大问题;确定燃气轮机产业发展的技术路线、重点研究方向;组织制定重型燃气轮机重大专项的管理办法、实施方案、实施计划;形成适合我国国情的燃气轮机产业发展的良性运行机制。

2) 基础研究与共性技术研究得到进一步加强

燃气轮机的设计技术集多项高新技术于一体,是一种多学科交叉的综合性技术。在独立自主设计国产化燃气轮机进程中,紧密联系当前燃气轮机相关科学技术的发展,在材料学、燃烧学、热物理、转子动力学等基础研究及设计方法、设计开发工具、技术标准等共性技术研发方面将得到进一步加强,促进燃气轮机行业设计水平的提高,为燃气轮机产业发展储备技术、提供支持。

3) 掌握核心部件的制造和维修技术

由于在"打捆招标"过程中,外方不转让燃烧室、高温透平叶片超级合金精密铸造等关键技术以及高温热通道部件的维修技术,高温热通道部件等核心部件的制造掌握在以外方为主导的合资厂内。随着燃气轮机自主化进程的推进,我国燃气轮机企业将逐步掌握核心部件的制造及维修技术,形成自主的维修技术服务体系。上海电气收购意大利安萨尔多能源公司后,与安萨尔多一起共享中国与全球市场,并一起出资研发当今世界最先进的燃气轮机且共享知识产权,将大幅缩短我国完全掌握先进燃气轮机设计制造全部技术的宝贵时间。

4) 逐步掌握燃气轮机设计技术

随着重大专项的推进实施,我国燃气轮机行业必将逐步打破国际巨头的技术垄断,积累产品设计经验和试验数据,形成完整的试验验证体系,掌握燃气轮机压气机、燃烧室、高温透平等关键部件的设计技术,形成完善的燃气轮机自主研发和设计体系,具备先进燃气轮机可持续研发能力。

通过研发自主品牌燃气轮机,建设示范电站,实现燃气轮机自主化和产业化;我国将形成完整的燃气轮机自主研发、设计、验证、制造、应用和运行维护的科技体系、工业体系和可持续发展能力,跻身世界燃气轮机强国行列。

3.5 小 结

本章主要针对我国燃气轮机的发展历程、产业现状以及趋势进行全面而深入的研究。

本章客观地将我国燃气轮机发展历程概括为四个阶段,这为我国燃气轮机未来发展趋势的科学性提供了借鉴和依据。本章分别从我国燃气轮机基本使用情况(重型发电用、工业用、舰船用、分布式供能用)等方面深入地剖析了燃气轮机的使用状况及特点。最后从技术水平与知识产权等方面分析了国内外燃气轮机发展的差距,这为规划我国燃气轮机发展战略提供了科学而客观的依据。

第 4 章

重型燃气轮机性能分析

重型燃气轮机不断应用最新的研究成果，提高技术水平，如燃气初温、压气机压比技术指标不断提高，简单循环效率和联合循环效率不断提高，单循环效率已达 40%，联合循环效率已达 60%，同时燃气轮机变工况特性不断提高，实现了快速升降负荷（15 MW/min）和更宽广范围内稳定、高效、清洁运行，实现了能源的高效洁净利用。

世界重型燃气轮机制造业经过 60 多年的研制、发展和竞争，目前已形成了高度垄断的局面，即以日本三菱公司、德国西门子公司、美国 GE 公司、法国阿尔斯通公司等主导公司为核心，其他制造公司多数与主导公司结成伙伴关系，合作生产或购买制造技术生产。

通过打捆招标引进制造技术，我国三大动力厂（哈尔滨电气、上海电气、东方电气）分别与西门子、三菱、GE 联合，生产重型燃气轮机，下面对三家燃气轮机制造厂商的大中型产品结构与性能进行分析和汇总。

4.1 重型燃气轮机总体性能

4.1.1 GE 燃气轮机性能

GE 公司于 1987 年制造了首台 60 Hz 的 MS7001 F 型燃气轮机发电机组,输出功率 135.7 MW,发电效率 32.8%。之后,GE 公司与阿尔斯通公司联合开发,通过 MS7001 F 型燃气轮机的模化放大,模化系数 1.2,制成了 50 Hz 的 MS9001 F 型燃气轮机发电机组,输出功率 212.2 MW,发电效率 34.1%。其燃气轮机的所有部件,除轴承和燃烧室以外,都是按 1.2 的比例进行模化放大。第一台 MS9001 F 型燃气轮机发电机组于 1991 年 8 月在美国南卡罗来纳州的格林维尔制造成功并运行。接着,GE 公司又将其 MS7001 FA 型燃气轮机模化缩小,模化比 2/3,于 1995 年末研制成 70 MW 级的 MS6001 FA 型燃气轮机,通过齿轮箱减速,用于 50 Hz/60 Hz 发电。GE 公司还与其意大利的伙伴新庇隆公司联合开发了 50 Hz 的 9EC 型燃气轮机发电机组,该机组结合了 9E 燃气轮机的设计和 9F 型燃气轮机的透平段技术,使 9E 型燃气轮机发电机组的性能有了较大幅度的提高。哈尔滨- GE 9EA 型重型燃气轮机如图 4-1 所示。

图 4-1　哈尔滨- GE 9EA 型重型燃气轮机

GE 公司生产的重型燃气轮机在结构上非常相似,F 级燃气轮机的主要结构特点有:
(1) 它们都是整体式结构型式。压气机、燃烧室和燃气透平都连接成为一个整体,安装在同一个底座上。一些辅助设备,诸如润滑油系统、冷却水系统、燃料系统、启动机系统、传动齿轮箱等也都安装在一个底座上,这样就能节省现场的安装时间和机组设备的运输费用。

(2) 不同于 B 级和 E 级燃气轮机,F 级燃气轮机改为由压气机侧冷端输出功率的方案。这样就可以使燃气透平实现轴向排气,其排气扩压器能直接与余热锅炉相连,有利于减小流阻损失,但却会增大压气机的传扭负载。

(3) 采用双轴承支承的方案,两个轴承分别位于压气机和燃气透平转子的两端,这样可以使燃气轮机的总体结构最简单。

(4) 压气机和透平均采用水平中分面结构,便于安装和检修。

GE 公司在 21 世纪推出的最新产品是 H 型燃气轮机,有 3 600 r/min 的 MS7001H 和 3 000 r/min 的 MS9001H 两种型号。H 型燃气轮机技术是 GE 公司的航空发动机和发电两个部门以及联合开发中心共同努力的结果,是先进航空发动机技术移植到电站燃气轮机上的产物。其压气机是 CF6-80C2 航空发动机压气机的放大型(MS7001H 放大系数为 2.6,MS9001H 放大系数为 3.1),有 18 级,压比达 23。除进口导叶可调外,还增加了 4 级可调静叶,以优化部分负荷工况性能。透平为 4 级,全是三维气动设计的航空透平叶型,第一级动叶和喷嘴为镍基超级合金单晶铸件,消除了晶界,改善了高温疲劳性能,并且涂有氧化锆稳定的钇陶瓷隔热涂层。后 3 级动叶应用定向结晶铸件,2 级动叶还增加了隔热涂层。2~4 级静叶应用单晶材料,2、3 级静叶加了隔热涂层。

4.1.2　西门子燃气轮机性能

西门子公司 20 世纪 50 年代初开始生产燃气轮机,1974 年开发出 90 MW 的 V94 型燃气轮机,1977 年生产了当时世界上最大的 113 MW 单轴燃气轮机,1984 年利用 114 MW 的 V94.2 型燃气轮机组成联合循环装置,1990 年开发出第一台 103 MW 的 V84.2 型燃气轮机,从而逐步形成了以 60 Hz 的 V84 和 50 Hz 的 V94 为主的燃气轮机型号系列产品。

西门子发电用燃气轮机为重型整体式结构。转子为典型整体式盘鼓结构,由一根拉杆将压气机、透平的各级轮盘及压气机与透平前后两空心端轴、中间传扭筒体串起来,在拉杆两端用大螺母锁紧。为防止各级轮盘间相互滑动,在各轮盘外缘的两端面上加工有端面齿,有良好的传扭和对中性能,较轻的转子重量使其热惯性较小,启动较快。

1990 年西门子公司与 P&W 公司达成长期合作关系。新开发的"3A"型燃气轮机就是其先进技术和合作的成果,它是在 V84.2、V94.2 经验的基础上,将 P&W 公司成熟的航空发动机技术,应用于西门子燃气轮机的开发设计中。1994 年联合研制出了首台 V84.3A 型燃气轮机,随后按 V84.3A 模化开发出 V94.3A(图 4-2)和 V64.3A 型产品(比例系数分别是 1.2 和 0.67)。3A 系列机型沿袭了西门子的传统技术:盘鼓型转子,双径向轴承支撑,压气机冷端输出功率,预混式的干低 NO_x 燃烧器,透平轴向排气等。3A 型透平第 1 级动叶的 Ni 基合金材料选择是基于西门子与 P&W 公司的试验研究结果,1、2 级动叶片采用蠕变强度和低周疲劳强度优良的单晶(SC)铸造叶片,1~3 级动、静叶片还进行了耐高温腐蚀与氧化的喷涂处理,为了提高冷却效果,1 级动静叶采用了热障涂层(TBC)。

V94.3A 燃气轮机长 10.82 m、宽 5.04 m、高 4.95 m、重 308 t。下面以 V94.3A 型燃气轮机为例,具体介绍其结构特点,如图 4-3 所示。

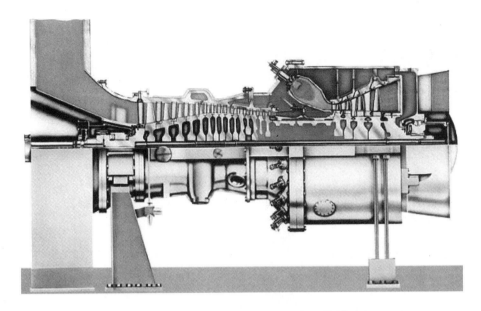

图 4‑2 　上海电气‑西门子 V94.3A 型重型燃气轮机

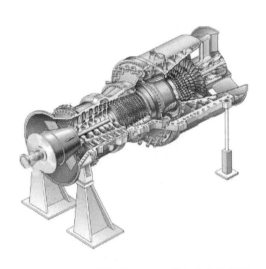

图 4‑3 　西门子公司 V94.3A 燃气轮机结构图

　　(1) 压气机和透平转子的连接：转子将压气机和透平段连接在单个轴上,并支撑在两端的轴承上。转子是由前后轴头、一个中空段以及 20 组轮盘以及起连接作用的中心螺栓组成。空心轴和轮盘用一个中心拉杆拉紧在一起。轮盘与轮盘之间通过端面齿对中,在机组正常工作时通过端面齿来传递扭矩,由于在压气机以及透平不同的区域温度相差很大,尤其在透平段通过 4 级叶轮的做功,使燃气温度从大于 1 300℃降到 650℃,所以各级轮盘的膨胀量各不相同。V94.3A 机组轮盘通过端面齿可以使单个轮盘自由地膨胀,同时通过中心拉杆可以保证转子的中心度相同,从而有效地避免了各级轮盘胀差对转子变形的影响。各级叶片可以轴向拆卸安装,由于气缸为中分面结构,在进行叶片检修时不必将转子吊出,可直接开缸对叶片进行检查与调换。

(2) 轴承：压气机和透平转子为同一根转子,在压气机进气端与透平出气端,分别有一轴承支撑转子,中间没有支持。在压气机进气端的轴承为径向联合推力轴承。它由主副两个推力盘来限制转子的轴向位移,此为 V94.3A 机组的绝对死点,同时也是整套机组以及所有辅助系统的相对死点。所有辅助系统的相对坐标,均以压气机轴承座的中心线与转子的中心线的交点为原点。主副推力轴承分别由 4 片和 6 片推力瓦块组成,瓦块的有效工作面衬有合金。推力瓦块用圆柱销固定在轴承退让壳内并支托在弹性垫片上,正常工作时可以使所有的推力瓦块获得均匀的负荷分配。油从径向轴承的侧面开槽进入。用装在两端的上下半轴承套筒内的热电偶,监测合金的温度。位于透平端的轴承座,由 5 根径向肋支撑在透平气缸上。轴承瓦块的有效工作面衬有合金,使得运行期间在轴承和轴颈间产生支托油楔。装在最大负荷点下的热电偶被用来监测合金的温度。

4.1.3　三菱燃气轮机性能

三菱的燃气轮机技术发展大致分为三个阶段。第一阶段为开发期：从 20 世纪 50 年代初开始,侧重于叶栅空气动力学、燃烧与高温材料等的试验研究,以自己技术开发陆用、船用燃气轮机,共试制 8 台 50～4 000 kW 容量等级的燃气轮机。第二阶段是引进技术批量生产期：从 1961 年起引进美国西屋电气有限公司(简称西屋)技术以后,生产西屋标准机型,到 1983 年生产了 85 台燃气轮机。第三阶段是技术发展期：在 20 世纪 80 年代以后,在引进、消化、吸收西屋技术的基础上,合作与独立相结合发展燃气轮机技术。三菱的做法是尽可能独立地进行工作,除极少数零件外,尽可能使用国产材料及零件,在自己核心技术研究成果的基础上,不断改进标准机型的设计,并开发新型机组。三菱是借助国外技术来发展自己燃气轮机技术的成功典范,许多经验值得借鉴。至 1994 年,三菱共生产燃气轮机 272 台,总容量为 20 747 MW。

三菱的燃气轮机主要是在西屋的技术基础上发展而来的。西屋在 20 世纪 40 年代早期开发了美国第一台航空喷气发动机,1948 年制造出第一台 1 800 马力工业燃气轮机(W21)。截至 1996 年,全世界约有 1 614 台采用西屋技术生产的燃气轮机,总容量约为 77 300 MW。1998 年,西屋燃气轮机部被西门子收购。西屋的工业型燃气轮机结构也是通过航空发动机重型化途径发展而成的轻重结合的整体式结构,但构件比 GE 机组稍粗重些。其结构的共同特点是：单轴转子,用一个传扭矩筒体把压气机段与透平段连成一体,由两个径向轴承支持;气缸都有水平中分面和若干垂直横分面,气缸可以分段拆卸,便于检修维护;许多内部零件,如导叶和动叶、叶片环、轴承及燃烧室零件等都能在不起吊转子的状态下进行检查和修理。

三菱于 1994 年开始研发“G”型燃气轮机,首台 60 Hz 的 501G 型机组于 1997 年出厂,紧接着又造出了相同级别 50 Hz 的 701G 型机组。G 型机组把燃气初温提高到 1 427℃,相应的压气机压比也提高到 20,使简单循环净效率达 39.5%,联合循环净效率达 58%。

从机构上来说,G 型机组的转子为盘鼓式结构,由 2 只轴承支撑;压气机转子轮盘由 12 根拉杆螺栓拉紧,通过径向销传递转矩;透平转子轮盘也是由 12 根拉杆螺栓拉紧,而通过端齿联轴器传递转矩;压气机端输出;透平为轴向排气,结构紧凑;压气机和透平都有水平中分面,便于维修。

图 4-4 展示了三菱 M701G 燃气轮机结构图以及相关的先进技术。

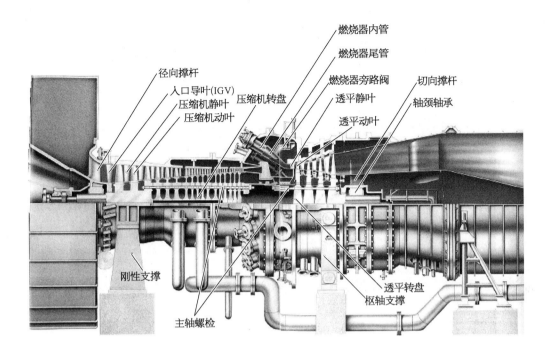

图 4-4　东方电气-三菱公司 M701G 机组燃气轮机结构

4.1.4　燃气轮机特点比较

GE、西门子、三菱三家公司的最新燃气轮机机型性能指标及参数比较见表 4-1～表 4-3。

表 4-1　燃气轮机总体性能指标比较

燃气轮机型号	PG9531(FA)	V94.3A	M701F
ISO 简单循环基本功率(MW)	255.6	265	270.3
简单循环供电效率(%)	36.9	38.5	38.2
压比	15.4	17	15.6
燃气初温(℃)	1 300	1 310	1 349
联合循环代号	S109FA	GUD 1S.94.3A	MPCP1(M701F)
ISO 联合循环基本功率(MW)	390.8	380	397.7
联合循环供电效率(%)	56.7	58.0	57.0

表 4-2　F 级燃气轮机技术参数比较

项目	2002 年			2012 年		
	型号	功率(MW)	效率(%)	型号	功率(MW)	效率(%)
GE	PG9531FA	255.6	36.9	9FB.05	339	39.9
西门子	V94.3A(2)	265	38.5	SGT5-4000F(4)	292	39.8
三菱	701F	270.3	38.2	701F5	359	40.0
阿尔斯通	GT26	265	38.3	GT26	326	40.3

表 4-3　G/H 级燃气轮机参数

项目	GE	三菱	西门子
型号	MS9001H	M701G2	SGT-8000H
压气机级数	18	14	13
压比	23	21	19.2
透平进口温度(℃)	1 430	1 500	1 500
燃气轮机输出功率(MW)		334	375
联合循环输出功率(MW)	520	498	578
联合循环效率	60	59.3	60.8

GE、西门子、三菱三家公司的最新燃气轮机机型总体结构特点的总结比较见表 4-4。

表 4-4　最新燃气轮机机型总体结构特点比较

	GE 9FA	西门子 V94.3A	三菱 M701F
整体	整体式结构 双轴承支承	重型整体式结构 双径向轴承支撑	转子为盘鼓式结构 双轴承支承
压气机	水平中分面结构 装有进口可转导叶 1~2 个中间级的放气口	静叶持环形成环形间隙 3 个放风管 进口导叶可调	水平中分面结构 进口导叶可调 3 个抽气口
透平	3 级轴流式透平 水平中分面结构	转子整体式盘鼓结构 4 级传统西门子结构	轴向排气,结构紧凑 有水平中分面

4.1.5　重型燃气轮机国产化

2003~2013 年,通过三次打捆招标以及后续招标,东方电气、哈尔滨电气、南京电气、上海电气等动力设备制造企业分别引进三菱、GE、西门子公司的 F/E 级重型燃气轮机部分制造技术,进行本地化制造,经过国产化四个阶段和热部件企业合资(图 4-5),完成重型燃气轮机的整机生产。

以上海电气重型燃气轮机为例。第一阶段:完成了燃气轮机支撑、透平排气扩散器、压

国产化四个阶段：

第一阶段：先易后难、积极稳妥

第二阶段：先静止部件后转动部件

第三阶段：辅机和本体同时推进

第四阶段：低温和高温部件同步展开

第一阶段 ▮
第二阶段 ▮
第三阶段 ▮
第四阶段 ▮
热部件合资公司 ▮

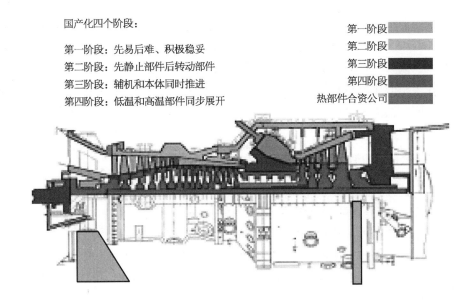

图 4 - 5　国产化四个阶段

气机静叶持环 1、静叶持环 2、燃气轮机总装。

第二阶段：完成了 2♯缸、3♯缸、压气机轴承座、透平静叶持环、压气机动叶片、压气机静叶片、静叶持环 1 装配、静叶持环 2 装配、透平静叶持环装配。

第三阶段：完成了压气机静叶环、透平轴承座、转子护罩、中间轴、本体管路（含阀门）、转子装配。

第四阶段：完成了转子叶轮、扭力盘、中心拉杆。

最后通过热部件合资企业完成了热通道通道部件：透平静叶片、透平动叶片、透平导向环弧段、燃烧室、外壳、内壳、隔热瓦块、燃烧器插入件、装配用零件、燃烧器。

4.2　压气机技术和特点

4.2.1　GE 压气机技术和特点

在 20 世纪 50 年代中期，GE 公司重型燃气轮机压气机以 6B 型机组为代表，压气机压比为 12 左右，级数为 17 级；在 80 年代中期以 7EA 和 9E 机组为代表，压气机是在 B 型压气机基础上模化设计的，性能并没有实质上的改进，压比仍为 12 左右，级数为 17 级；在 90 年代中期以 9FA 机组为代表，压气机在 9E 基础上加了两个跨声级，同时去掉末级，级数为 18 级，压比为 15.4；在 90 年代后期的全新压气机设计阶段，以 9H 机组为代表。

随着涡轮初温提高到 1 430℃，在 9FA 压气机的基础上进行加级设计，将面临轴系结构上的问题（该问题在 9E 机组压气机的设计中已经体现出来），并且加级后的压气机性能已不能满足需要，迫切需要研制性能更高的压气机以满足压比的要求，因此 GE 公司在航机的基础上全新设计了新的压气机，其级数为 18 级，压比 23，这就是 H 级压气机。从上述 GE 公司燃机压气机的发展历史可以看出，涡轮进口温度的不断提高，要求压气机的总压比与平均级压比也相应提高。

4.2.2　西门子压气机技术和特点

西门子公司的 V94.3A 燃气轮机采用 15 级高效动、静叶片、优化的压气机压比设计点和采用控制扩散翼型、进口可调导静叶。设计优势如下：

（1）采用高效率的轴流式压气机：为了有效地防止喘振与失速对压气机性能的影响，压气机采用三段抽气放风的方式进行控制。分段放风可以针对不同工况下压气机通流部分不同区域的工况条件，分别进行处理，同时通过可调节的进口导叶，在保证稳定风量的前提下，使压气机在最佳工况下运行。

（2）运行灵活、高效：即使是在负荷变化时，进口可调导叶仍能保证机组的排气温度维持不变，且输出功率维持在较高的范围内（95%～103%），即在一定的超速和低速范围内运行。

V94.3A 压气机由 15 级组成，压比为 17，通过进口导叶工作角度的调节，可以有效地保证机组在 50% 运行时排气温度没有明显变化，同时也保证了机组效率。在机组启动、停机以及部分负荷下稳定运行，必须保证足够的放风量，以保证风机通流部分的气流稳定，同时为了保证燃烧室内部的火焰稳定，在压气机气缸 3 个不同位置上装有放风管。结构上是用静叶持环间形成环形间隙来实现，环形间隙将压缩空气引入 3 个环形腔室。放风管上装有气动阻尼器，把压缩气顺畅地排入排气扩散器中。另外，在压气机上还有抽气口，把抽取的空气通过管道引入透平持环与透平缸的腔室中，为透平静叶提供稳定的冷却气源。进口导叶、前 4 级静叶及前 5 级动叶表面均涂有涂层，以防止叶片冲蚀、积垢。

4.2.3　三菱压气机技术和特点

三菱燃气轮机的发展是从引进技术开始的。M701F 型机组的压气机是 17 级、压比为 17 的轴流式压气机。前 4 级采用双圆弧叶型（DCA）以适应大流量、跨音速的流动特点。压气机通流部分沿流动方向上，即在第 6、11、14 级后分别设置了 3 个抽气口和相应的放气阀，以防止机组在启动、停机过程中或非设计工况下发生喘振；压气机进口导叶还设有可转动装置，不仅可以防止压气机喘振，还可以减少启动时的动力消耗，并改善低负荷下的经济性；压气机前 3 级动静叶片都采用了防磨和防腐蚀的涂层。压气机静子部分采用重型叶片机械常用的水平中分面结构，各级静叶片都带有内外环（与叶片焊接或整体成型）。这种结构虽然制造复杂一些，但增加了刚度，减少了级间的漏气，使机组的可靠性和经济性都有所提高，特别是在检修时，不需要吊出转子就可以取出静叶进行检查和维修，不需要解体转子即可以更换动叶片。压气机缸后面几级高温部分还采用双层结构，对运行中在高温下保持良好的对中有很大好处。

压气机前 3 级叶轮和前端轴用整体锻造成一体，并与后 14 级叶轮及与透平连接的鼓筒用 12 根均匀分布在圆周方向的长拉杆紧紧连接在一起,盘与盘之间还沿径向布置了若干骑缝销钉,以帮助传递扭矩;4 级透平轮盘也用 12 根稍短一些的拉杆与压气机转子连接成一整体,不过透平叶轮间的传扭是借助于端面齿来实现的,使轮盘在高温下保持精确对中。当然,这也增加了制造的难度,需要有专用的机床来完成端面齿的加工。

4.2.4 重型燃气轮机压气机发展趋势

对于地面燃气轮机压气机而言,提高压比的途径有两条:一个是在某一性能相对较好的母型压气机的基础上,进行加级设计,所加的级可以是亚声速级也可以是跨声速级。另外一个思路与 H 级压气机的开发方式相同,在保证效率、控制压气机的级数以确保结构稳定性的前提下,进行比原型压气机平均级负荷有所增加的全新压气机设计。其实 H 级压气机是一个航改机,其目的就是要利用原航空发动机压气机单级压比高的特点,但在改型过程中,为了保证压气机的效率具有较高的指标,因此 H 级压气机的平均级压比原航空发动机压气机有所降低,这也是不得已而为之的做法。从 H 级压气机的产生过程可以看出,对高单级压比压气机有迫切需要,但为了保证压气机的效率,常常以牺牲级压比为代价。

表 4-5 给出了世界上各主要燃气轮机生产厂家的压气机总压比、级数与平均级压比的换代情况。从表中可以看出,随着燃气轮机的发展,压气机平均级压比呈现出相对增加的趋势。除了俄罗斯的 180 燃气轮机压气机的平均级压比超过了 1.23 以外,其他压气机的平均级压比都在 1.20 以下。出现这种情况是因为若压气机的平均级压比过高,对于跨声级,则会有比平均级压比更高的压比,对比 9EC 的跨声级(压比为 1.18、效率为 87%)可知,此时跨声级的效率会更低;若普遍提高亚声级的压比,则由于气动负荷的增加,亚声级的效率也会有所降低。

表 4-5 各公司燃气轮机压气机相关数据

公司	GE			前 ABB			西门子		三菱	俄罗斯公司	
型 号	9EC	9FA	9H	13E2	GT26		V94.3	V94.3A	701F	150M	180
级 数	18	18	18	21	16	22	17	15	17	15	13
总压比	14.2	15.4	23	14.6	15	30	16.6	16.6	17	13	15
平均压比	1.16	1.164	1.19	1.14	1.18	1.17	1.18	1.206	1.181	1.182	1.232
一般值	1.16 左右			1.135~1.17			1.15~1.20				

4.2.5 国内压气机使用情况

燃气轮机压气机报废典型事故:某电厂 1 号燃气轮机于 2008 年 9 月 12 日发生了压气机损坏的严重事故,压气机共有 38 片填隙片,其中只有 4 片正常,其余都有不同程度的突出现象。上缸共脱落填隙片 2 片,下缸共脱落填隙片 17 片。

1 号燃气轮机在投产仅 6 341 h 就出现过压气静叶根部抬起及填隙片突起情况,虽然按照 GE 公司的要求进行了跟踪检查,但仍然无法阻止压气机事故的发生。上述事故发生时还远未到中修和大修周期。压气机开缸后,现场检查发现填隙片脱落、静叶叶片松动情况较为普遍,正是由于叶片松动使得叶片振动进入共振区、静叶叶台抬起过大、造成叶顶碰擦转子,从而使叶片可能产生高周疲劳断裂。由于 GE 公司对压气机的隐患处理及判断有误,导致压气机带病运行直至故障发生。

4.3 透平技术和特点

现代发电用燃气轮机的透平进口温度已远远高于叶片材料的耐高温极限,未来的燃氢燃气轮机透平前温更将高达 1 700℃。为了保证透平在此高温下能够长时间正常工作,可行的方法是在提高叶片耐热性能的同时,采用先进的冷却技术降低叶片表面温度,包括研发新的合金材料、使用热障涂层,以及综合使用气膜冷却、内部对流和冲击冷却、蒸发冷却和蒸汽冷却等技术。

当代 F 级多级气冷透平的技术指标已经达到:燃气初温约 1 350℃,大焓降(级压比>2),高效率约 92%,长寿命 5 万~8 万 h,关键技术为综合空气冷却技术。

4.3.1 GE 透平技术和特点

GE 公司 F 级燃气轮机的透平是三级轴流式透平。透平部分包括:透平转子、透平外壳(气缸)、喷嘴、复环、排气框架和排气扩压器。

(1) 选材:转子轴和轮盘均采用 Inconel706 合金钢,;第 1、2、3 级动叶均采用定向结晶 GTD - 111 材料。前两级动叶表面均有真空等离子喷涂 Go - Cr - Al - Y 涂层,采用空气冷却结构,冷却通道内表面再喷涂一层铝保护层;第 3 级动叶则采用 Pack - Process 工艺渗入高铬保护层。

(2) 冷却结构特点:透平转子采用贯穿螺栓结构,由透平前半轴,1、2、3 级叶轮,级间轮盘,透平后半轴及拉杆螺栓组成。透平转子通过压气机第 17 级叶轮上的法兰用螺栓与压气机转子刚性连接。通过叶轮轴和级间轮盘上的配合止口控制各部件的同心度,用贯穿拉杆螺栓将它们压合在一起。后半轴由 1 号轴承支撑。

第 1 级动叶的冷却结构,除了有对流冷却外,在头部有冲击冷却,还有多处气膜冷却。为了增强对出气边的冷却,在冷却通道内铸有多排针状肋条,以增强冷却效果。第 2 级动叶片自纵树形叶根底面至叶顶布置有多孔动叶冷却用的纵向空气通道,采用对流冷却。

4.3.2 西门子透平技术和特点

(1) 西门子 F 级及 F 级以前燃气轮机高温叶片:V94.3A 燃气轮机有 4 级动叶片,1、2 级为单晶体叶片,外面加两层涂层,第 3 级动叶片为定向结晶叶片,表面加一层涂层,第 4 级由于工作温度为 500℃左右,相对比较低,采用一般的锻件材料。1、2、3 级上均有空气冷却孔,冷却孔的开孔位置和数量各级均不相同。动叶片的叶根形式为纵树型叶根,叶片选用耐热合金材料精铸而成,采用特殊的工艺使其成为单晶或定向结晶。叶片中心的冷却通道是在叶片铸造时形成,而叶片上的冷却孔则是通过激光打孔形成。值得注意的是无论是压气机还是燃气透平动叶装配之后,在叶根处均要进行冲卯固定。

（2）燃机主要零部件的加工工艺特点:透平静叶、透平动叶各 4 级,均需要进行空气冷却,叶片内部有复杂的冷却孔结构。西门子通过采购得到叶片坯件,这种坯件全世界只有 3~4 家工厂能够生产。柏林工厂用数控强力磨床加工叶根,用激光机床和电脉冲机床在型面上打穿腔室,叶片表面进行涂层。

4.3.3　三菱透平技术和特点

三菱采用 4 级叶片的透平,它的平均级焓降比 GE 的低,因而透平热效率较高。但在透平进口温度相当的情况下,叶片冷却的难度就更大一些。静叶的持环和动叶顶部的叶片环,将高温气流与外缸隔开,形成双层缸的结构。夹层具有隔热和充当冷却空气通道的双重功能。

透平转动部分是采用从压气机出口抽出的冷空气,先经过一个外置的过滤器过滤,并通过一个用燃料气来冷却的热交换器冷却后,再回送到透平的转子中去冷却叶轮和前 3 级动叶片。显而易见,它的冷却效果更好,而且可以减少冷却空气的流量。

采用燃料气来冷却又可以使冷却空气的热量得到回收,机组的热耗也稍有改善。透平第 1 级静叶的冷气空气直接来自压气机的排气,而第 2、3、4 级静叶的冷气空气分别来自压气机不同压力的抽气口。

三菱为提高 M701F 型燃气轮机透平叶片的耐高温能力,主要采取了三方面的措施:

（1）材料:为承受 1 400℃以上的高温,三菱研制了新的叶片材料。

（2）隔热涂层(TBC)。

（3）叶片的冷却技术。

4.3.4　透平性能分析

透平叶片是重型燃气轮机的核心部件,设计使用寿命(大修周期)一般为 48 000EOH(等效运行时间)或 2 400 次启停,平均 3~5 年更换一次。从 1939 年瑞士研制出首台发电用重型燃气轮机以来,透平进气温度由 550℃逐步提高到 1 150℃(E 级)、1 350℃(F 级)、1 430℃(H 级)和 1 500℃(G 级),三菱的 J 系列已经能达到 1 700℃等级;透平叶片材料也由碳钢高温合金发展到镍基和钴基铸造超级合金,叶片表面还要喷涂耐热涂层。由于材料要求高、加工技术复杂,透平叶片制造成本可达新机成本的约 1/4,而全套备件价格则可达整机的 1/3左右,而且价格每年增加,成为燃气轮机发电企业维修费用的主要支出。

目前冷却方式有两类:开式空气冷却技术和闭式蒸汽冷却技术。F 级及以下等级燃气轮机均采用开式空气冷却技术,即从压气机中抽出部分空气作为冷却介质,将叶片冷却之后再进入透平通流部分继续做功;G/H 级燃气轮机部分高温叶片则采用闭式蒸汽冷却技术,由余热锅炉供应的低温蒸汽作为冷却介质通入叶片内部,冷却叶片之后再通过回收系统回到余热锅炉。显然,闭式循环蒸汽冷却技术的冷却效果更好,但是冷却系统结构过于复杂,制造和运行维护成本大大提高。

透平叶片内部冷却结构十分复杂,常用的有蛇形带肋通道、矩阵肋通道两大类,均采用无余量精密铸造直接成型。透平叶片表面分布数量不等的气膜冷却孔,其功能是在叶片表面形成冷空气保护膜,每个孔的直径为 0.7～1.5 mm,而且与叶片表面有不同的夹角,必须采用电解加工(EDM)或激光加工。贯穿叶片内部的直孔冷却通道长达几百毫米、直径一般为 2～3 mm,需要采用电化学加工(ECD)。

透平叶片表面涂层分为抗氧化涂层(MCrAlY)和热障涂层(TBC)两大类,前者由镍、钴和特种金属粉末组成,采用大气等离子喷涂(APS)、高速氧气火焰喷涂(HVOF)等特种工艺喷涂在叶片金属表面;后者主要是氧化锆(YSZ)等陶瓷材料,采用真空等离子喷涂(LPS)、电子束气相沉积(EB-PVD)等特种工艺喷涂在抗氧化涂层上面,形成双层保护。

4.3.5 透平国内情况

为了提升我国的燃气轮机技术水平,在"十五"和"十一五"期间,科技部在"863"计划中部署开展了 R0110 重型燃气轮机设计研制。基本掌握了 F 级燃气轮机透平叶片抗热腐蚀高温合金材料技术、叶片的无余量精密铸造制造技术和大尺寸定向结晶技术。但是我国还没有完全掌握 F 级燃气轮机热端部件的制造技术,缺乏先进材料和先进部件的性能验证平台。

4.4 燃烧室技术和特点

4.4.1 GE F 级燃烧技术

GE 公司 F 级燃气轮机燃烧系统燃烧室为多喷嘴环管型结构。9F 燃气轮机燃烧系统处于不断优化和改进过程中,燃烧器结构已经由原有的 DLN1.0 升级到 DLN2.6＋型。其中,DLN2.6＋燃烧室部件 2005 年被应用于 9FA 燃机,2007 年为 9FB(03 版)所采用,DLN2.6＋是 GE 目前最先进的低污染燃烧器结构。DLN2.6＋综合了 9FA DLN 2＋和 7FA DLN2.6 燃烧系统以及 9H 和 6CDLN2.5H 燃烧系统的技术与优势。

DLN2.6＋能够在更低的部分负荷运行情况下保证排放达标。另外,由于采用了先进材料,以及涂层和冷却技术的采用,DLN2.6＋燃烧室小修间隔在标准间隔的基础上延长了 8 000 h。

此外,DLN 2.6＋在原有 DLN 燃烧系统上改进了燃料的适用性。基于先进的燃料喷嘴和控制技术,DLN2.6＋在较低燃烧脉动水平下,可以适应天然气组分修正华白指数＋5％的范围变化。如果应用 OpFlex 软件和模型化自动调节控制技术,9FA DLN2.6＋在主燃烧模式下,可适应天然气组分修正华白指数＋20％的范围变化,在所有燃烧模式下,可承受＋10％的修正华白指数变化。DLN2.6＋燃烧系统同时保留了燃烧轻油的配置,并可利用注水控制 NO_x 排放。

4.4.2　西门子燃烧技术

一直到 V94.3 为止,西门子公司仍然使用传统的双筒型燃烧室,转子则使用中心拉杆结构。V94.3 的燃烧室仍然使用两个单筒型的结构,到了 V94.3A 则发展成为环型燃烧室。

V93.A 燃气轮机采用环型干式低污染燃烧室(DLN),共装配 24 个混合型 DLN 燃烧器。该燃烧室的环形燃烧空间是用敷有氧化物-陶瓷涂层的高温合金钢制成的遮热板组合而成。冷却空气将通过遮热板之间的气隙排出,它既能防止高温的热燃气排出燃烧空间,又能在遮热板上形成一层冷却气膜。当 $t_3 = 1\,350$℃时,遮热板内壁的最高壁温为 850℃。

西门子公司设计的干式低 NO_x 的混合型燃烧器,用气体燃料或液体燃料在燃烧器的中心部位建立一个值班扩散火焰,以确保在任何负荷工况下,不会发生火焰熄灭故障;燃烧气体燃料时,值班火焰的外侧再供给一定数量的气体燃料;在高负荷工况下,将气体燃料或已经气化了的液体燃料供入角向旋流器,以便与进入该旋流器的空气混合形成均相预混的可燃混合物。

由于这种火焰的温度比较低,故能控制"热 NO_x"的生成,该火焰的燃烧稳定性问题则是依靠位于中心部位的两层扩散火焰来保证的。

4.4.3　三菱多喷嘴分级燃烧技术

三菱公司燃气轮机的燃烧室采用了多喷嘴分级燃烧技术,燃烧室的一次空气具有旁路阀门,从而实现一次空气可调,这是与其他公司机组比较的最大特点之一。

三菱公司从 G 级机组开始,燃烧器系统就开始使用蒸汽冷却。如图 4-6 所示,G 级燃烧室与为 F 型机组专门开发的干式低 NO_x 多喷嘴环管式预混燃烧室结构相同,有 20 个火焰管。但是在 G 级燃烧室中,过渡段采用闭式蒸汽冷却。来自余热锅炉的冷却蒸汽通过过渡段双层壁的壁间通道,使过渡段的壁温保持在允许的范围内,然后该蒸汽又返回余热锅炉。由此减下来的这部分冷却空气进入燃烧空间,使燃烧温度处于 1 500～1 600℃,以保证在提高透平转子进口温度的同时,仍保持原来 25×10^{-6} 的 NO_x 排放水平。

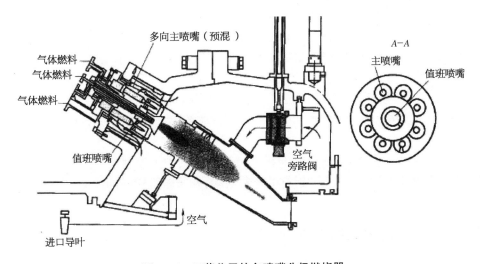

图 4-6　三菱公司的多喷嘴分级燃烧器

4.4.4　国内燃烧室情况

我国开发出了国内首台重型燃气轮机 R0110,R0110 燃气轮机单循环功率为 110 MW,透平初温为 1 210℃,该燃气轮机使用的高温材料技术全部为自主研发。

我国根据具体要求开发出了一系列材料,如透平轮盘采用变形高温合金 GH2674,燃烧筒和过渡段采用变形高温合金 GH655,4 级透平动叶和静叶分别采用镍基铸造高温合金 K488 和 K4104,支柱则采用镍基铸造高温合金 K4091。

东方电气自 2012 年起在国内率先开展 5 万 kW 燃气轮机自主研制工作,并已成功掌握该燃气轮机核心部件——高温燃烧器制造技术。

4.5　控制系统技术和特点

目前 GE 公司的主力机型 9FA 采用的是 Mark VI 控制系统;西门子公司采用 TELEPERM XP 以及较新的 SPPA T3000 控制系统;三菱公司制造的燃气轮机系统采用其公司自主研发的 DIASYS 控制系统;阿尔斯通公司开发的两个控制系统分别是 EGATROL 和 TURBOTROL。

4.5.1　GE MARK VI 控制系统

GE 公司在 20 世纪 90 年代末研发出 SPEEDTRONIC TM Mark VI 控制系统,此系统到目前为止一直是国际领先的新型控制系统,其最初主要用于燃气轮机和蒸汽轮机的控制,但是经过相应的扩展后,便可以应用于蒸-燃联合循环电站的一体化控制。

MARK VI 控制系统最显著的特点即三重冗余(TMR)结构,该控制系统核心是 3 个独立且结构相同的控制模块,称为 R、S 和 T。3 个控制器同时工作,并通过表决算法确定控制输出,因此保证了故障时的安全性并保证对机组的干扰最小化。

MARK VI 控制系统设置有三级数据通信网络,即监控级控制层 PDH(Plant Data Highway)、IO 控制层 IONET、过程控制层 UDH(Unit Data Highway)。每一层都采用标准的协议和网络元件,使不同系统之间集成简化,从而增强可维护性和可靠性。

MARK VI 控制系统分为四个功能子系统:自动系统、顺序控制系统、保护系统和电源系统。

自动系统由主控系统和其他重要自动系统组成。其中主控制系统是主要的,它必须完成四项基本控制:设定启动和正常运行的燃料极限;孔子轮机转子的加速;控制轮机转子的转速;限制轮机的温度。

4.5.2　西门子 T3000 控制系统

西门子 SPPA T3000 控制系统是西门子公司为了满足现代电站的需求而专门研发的,

它无论在工程设计和调试阶段,还是在运行和诊断阶段都可以起到重要的作用。西门子 SPPA T3000 控制系统的最大优势在于所有控制对象的所有数据都会被嵌入到一个高度可用、独立的组件中,在执行控制功能的过程中,控制系统与被控制对象的所有信息交互,比如说如运行、诊断,甚至历史数据的查看,都可以由这个组件来完成。

西门子公司所采用的控制系统为 SIMADYN - D、TELEPERM XP 以及较新的 SPPA T3000 控制系统。

T3000 控制系统网络为拓扑结构,T3000 控制系统网络为三层网络结构,上下两层均为环网,上层为应用层,下层为自动化层,第三层是过程接口层。

闭环控制系统的主要完成功能包括:燃气轮机的启动与停机;与电网同期;燃气轮机负荷控制;稳定频率;能够处理甩负荷并且满足电站的功率要求;防止燃气轮机超载;防止压气机超载;对故障和特殊运行条件做出反应。

4.5.3　三菱 DIASYS NETMATION 控制系统

M701F 燃机的 DCS 采用三菱重工的 DIASYS NETMATION,该系统是 DIASYS 系列的第三代过程控制系统。M701F 型号的燃气轮机控制系统主要由燃气轮机控制系统(turbine control system,TCS)、燃气轮机保护系统(turbine protection system,TPS)和高级燃烧压力波动监视系统(advanced combustion pressure fluctuation monitor,ACPFM)组成。燃气轮机速度、负荷和温度的自动控制是通过 M701F 燃气轮机控制系统的微处理器来管理的,该微处理器是基于数字控制器的双冗余系统;无论燃气轮机处于运行过程中的哪个阶段,处于控制状态的微处理器一旦发生故障,控制系统都能无扰动地切换到其他冗余的处于闲置状态的微处理器。

和大多数 DCS 系统一样,DIASYS - UP 系统的基本组成包括以下几个部分:工作站(OPS),工程师站(EWS),数据采集系统(DAS)等人机接口装置,其主要功能是实现对分散处理单元进行组态和操作监视,对全系统进行集中显示和管理。

三菱 M701F 型燃气轮机控制系统中,主要有主控制系统、顺序控制系统和 IGV 控制系统。

主控制系统必须完成 4 项基本功能:设定启动和正常的燃料极限、控制燃气轮机的转子加速、控制燃机的转速和限制燃机的透平进口温度。主控制系统一般设有 3 个燃料行程基准(FSR),分别为燃料限制模式控制(启动控制)、速度/负荷控制系统、温度控制系统。机组在控制过程中,3 个燃料行程基准(FSR)信号都送到"最小值选择门",采用最小值信号控制燃机的方式来保证燃机的安全运行,由于采用 3 个燃料行程基准(FSR),信号的最小值信号去控制燃机的燃料,故将被选择的最小值信号称之为燃料控制信号(control signal output)。

4.5.4　燃气轮机控制系统发展趋势

控制系统是燃气轮机系统的中枢神经,随着计算机技术、网络计算及控制算法的发展,燃气轮机控制系统将是一个不断前进、一定会超越燃气轮机本体发展的一个过程。未来的燃气轮机控制系统应具有以下特点:

(1)过程控制技术在不断发展中,应将这些先进的过程控制技术,如预估控制、串级控制、前馈-反馈控制、最优控制等先进过程控制技术以及自适应控制技术等应用于燃气轮机控制系统。

（2）未来的燃气轮机控制系统应该是一个综合管理系统，因此应具有基于运行优化、寿命管理、环保要求、投入产出效益、运行安全可靠性、电站管理等的一体化控制的特点。

（3）将人工智能技术应用于燃气轮机控制是未来的发展方向，结合相应的专家知识，采用模糊控制、专家系统控制和神经元网络控制等技术，实现燃气轮机的智能控制。

（4）基于网络的燃气轮机 DCS/NCS（network control system）混合控制系统架构是下一代燃气轮机的必然选择。

我国在早期发展轻型燃气轮机的同时，也对燃气轮机的控制系统开展了大量的研究。不仅国内近年推出的 QD100、QD128 和 QD70 轻型燃气轮机都配置了自主研发的配套控制系统，WJ6、WJ5、WP6 和 WZ5 等工业燃气轮机数字电子控制器也已经应用到了工业现场。但是，从总体上看，我国的燃气轮机控制系统研发还处于个别开发、一机一用、集总结构的阶段，技术水平与国外通用性强、采用分散式结构的同类产品相比，差距十分巨大。燃气轮机及其联合循环电站控制技术水平的提高，对我国从以煤炭为主要原料的发电结构到以天然气为原料的发电结构的能源结构转型具有重大的意义。燃气轮机控制系统技术水平主要体现在高效性、可靠性、兼容性、开放性、工程实施的简便性和标准化结构等方面。所开发的控制系统要有利于控制功能和管理功能的一体化，此外还要有利于促进燃气轮机电站信息管理的实时性和完整性。由此可见，开发出一套既能满足燃气轮机控制要求，又能满足蒸-燃联合循环电站全厂控制要求，不但技术水平高而且实施方便的一体化控制系统，符合我国目前国情的迫切需要，具有十分重大的意义。

4.6　小　　结

本章以上海电气-西门子 V94.3A 型重型燃气轮机、西门子公司 V94.3A 机组和东方电气-三菱公司 M701G 机组燃气轮机为对象，对各自的结构特点和性能参数进行了分析与比较，以上海电气重型燃气轮机为例，从四个阶段说明了重型燃气轮机的国产化情况，从而全面地实现了对重型燃气轮机总体性能的掌握。然后分别对压气机、涡轮、燃烧室和控制系统等相关技术和特点进行了分析，这对于我国开展相关的燃气轮机技术研究提供了方向，符合我国国情的迫切需要，同时也为我国燃气轮机关键技术的发展提供了借鉴。

第 5 章
燃气轮机燃料状况及分析

　　燃气轮机作为利用天然气发电的主要能源装备,对上游能源行业尤其是天然气产业和下游发电产业的发展具有重要的战略意义。以天然气为燃料的燃气轮机电厂发电效率高、污染物排放低、建设速度快,另外,燃气轮机启停速度快、调峰能力强、耗水量少、占地省,是目前世界上正在大力推进与建设的环保型发电设备。

　　充足的燃气是发展燃气轮机的重要条件,燃气按来源通常可以分为天然气、人工燃气、液化石油气和生物质气等。天然气又分为五种:气田气(或称纯天然气)、石油伴生气、凝析气田气、煤层气和页岩气。人工燃气是由固体、液体(包括煤、重油、轻油等)原料经转化制得,包括固体燃料干馏煤气、固体燃料气化煤气、油制气、高炉煤气。液化石油气是开采和炼制石油过程中,作为副产品而获得的一部分碳氢化合物。生物质气是以生物质为原料通过发酵、干馏或直接气化等方法产生的可燃气体。目前城镇居民及企业使用最多的主要是天然气。

5.1 全国燃气现状及发展规划

目前我国城镇燃气种类包括：天然气、人工煤气、液化石油气等,形成了多种气源并存的格局。其中,天然气供气占比明显上升,由"十五"期末的46%增至"十一五"期末的63%;人工煤气和液化石油气供气占比明显下降,合计供气占比由"十五"期末的54%降至"十一五"期末的37%。

近年来,随着能源结构低碳化的发展,我国天然气利用的步伐不断加快,天然气在能源结构中的比例不断上升。2003年我国天然气在一次能源结构中占比还只有2.5%,到2012年已经上升到5.2%。根据规划,到2015年天然气在我国一次能源中的比例为7.5%,仍远低于世界24%的平均水平。我国城镇燃气管网总长度由2005年末的17.7万km提高至2010年的35.5万km。

2010年末城镇燃气年供气总量达到836亿 m^3 ,较2005年增长62%,其中天然气供气量为527亿 m^3 ,占供气总量的63%,液化石油气、人工煤气供气量分别为192亿 m^3 (1 465万t)和117亿 m^3 ,分别占供气总量的23%和14%。2012年底,全国城镇燃气供气总量达到1 078亿 m^3 ,其中,天然气865亿 m^3 ,液化石油气180亿 m^3 (1 372万t),人工煤气86亿 m^3 ,城市燃气普及率为93.15%。[各气源均按照热值折算为单位天然气,其中,天然气、人工煤气、液化石油气热值分别按35 588 kJ/m^3 、14 654 kJ/m^3 、46 055 kJ/kg (109 610 kJ/m^3)计算。]

截至2014年底,中国已建成天然气管道8.5万km,形成了以陕京一线、陕京二线、陕京三线、西气东输一线、西气东输二线、川气东送等为主干线,以冀宁线、淮武线、兰银线、中贵线等为联络线的国家基干管网,干线管网总输气能力超过2 000亿 m^3 /年。2015年,天然气管道业仍保持快速发展势头。

2015年1月,陕京三线天然气管道工程全线建成投产。该工程全长1 066 km,设计输量300亿 m^3 /年。项目分三段建设,第一段榆林—永清,第二段永清—良乡,第三段良乡—西沙屯。其中,前两段于2010年12月已相继建成投产,良西段于2013年10月底全线贯通。

2015年2月,陕京四线北京军都山隧道全线贯通。陕京四线全长1 274.5 km,年输气能力为250亿 m^3 /年。干线起于陕西省榆林市靖边县靖边首站,止于北京高丽营末站。该工程于2014年4月2日获得国家环保部环评批复,2014年8月获国家发改委正式核准,并于2014年10月开工建设。

2015年3月,鄂尔多斯—安平—沧州输气管道工程(鄂安沧管道)环境影响评价公众参与调查第一次公示。项目总长2 422 km,输气能力300亿 m^3 /年。主干线起于榆林市榆阳区小壕兔乡塔巴庙首站,终点为河北省沧州末站。鄂尔多斯政府2013年12月印发的《鄂尔多斯市清洁能源输出基地发展规划》提出鼓励推进该管道工程积极开展前期工作。

新浙粤管道工程环评文件于2015年4月8日受理,并于4月10~23日完成了公示。

该项目即中国石化新疆煤制天然气外输管道工程,全长 8 280 km,年输气能力为 300 亿 m³/年。干线起点为新疆伊宁首站,终点为广东省韶关末站。2012 年 10 月,该项目获国家发改委正式核准。

2015 年 4 月 25 日,西三线东段隧道主体工程全面完工。西三线工程全长 7 378 km,设计输量 300 亿 m³/年。该线分三段建设:西段霍尔果斯—中卫,中段中卫—吉安,东段吉安—福州。2014 年 8 月西段全线贯通,中段预计将于 2016 年底建成投产。

2015 年 5 月 11 日,中俄东线天然气管道工程(黑河—长岭段)环境影响报告书初步撰写完成,进行二次公示。该工程包括干线和长岭—长春支线,全长 923 km,设计输气量 380 亿 m³/年。2014 年 5 月 21 日,中俄两国签署中俄东线天然气合作项目备忘录及供气购销合同。根据协定,从 2018 年起,俄罗斯将通过中俄东线向中国供气,输气量逐年增长,最终达到 380 亿 m³/年,累计 30 年。

"十二五"期间,政府大力发展城镇燃气,根据规划,2015 年我国天然气供应总量为 2 695 亿 m³,新建城镇燃气管道约 25 万 km,届时城镇燃气管道总长度达到 60 万 km,城镇应急气源储气设施建设规模约达到 15 亿 m³。

5.1.1 天然气的现状与发展

5.1.1.1 天然气的现状

1)天然气储量状况

根据国土资源部 2014 年 1 月 8 日发布的全国油气资源动态评价成果显示,我国常规天然气地质资源量为 62 万亿 m³,比 2007 年的评价结果增加了 77%。近年来我国天然气探明储量都保持了高增长,2000～2012 年探明地质储量由 7 600 亿 m³ 增加到 1.33 万亿 m³,年均增长 5.9%。

我国还有丰富的煤层气资源,据初步预测,埋深 2 000 m 以上浅煤层气地质资源量约 36.8 万亿 m³、可采资源量约 10.8 万亿 m³。截至 2010 年底,煤层气探明地质储量 2 734 亿 m³。2010 年煤层气(煤矿瓦斯)产量 90 亿 m³,其中地面开采煤层气 15 亿 m³。

我国页岩气资源也比较丰富,据初步预测,页岩气可采资源量为 25 万亿 m³,与美国 28.3 万亿 m³ 页岩气大致相当,也与国内常规天然气资源相当,证实我国页岩气具有较好的开发前景。目前探明页岩气地质储量 6 000 亿 m³,可采储量 2 000 亿 m³,2015 年页岩气产量 65 亿 m³。

2)天然气产量与消费量不断增长

我国天然气产量从 2000 年的 270 亿 m³ 增长到 2012 年的 1 070 亿 m³,年均增长 12%。2013 年天然气产量 1 210 亿 m³,同比增长 9.8%,其中常规天然气 1 178 亿 m³,非常规气中页岩气 2 亿 m³,煤层气 30 亿 m³;天然气进口量 534 亿 m³,增长 25.6%,其中管道气增长 24.3%,液化天然气增长 27.0%。

2000～2010 年天然气消费年均增长 15.9%,在一次能源消费结构中的比重从 2.2% 上升至 4.4%。2000 年天然气消费结构中,城市燃气、发电、化工和工业燃料分别占 12%、14%、38%、36%,2010 年分别占 30%、20%、18%、32%,城市燃气和发电比例大幅度提高。2012 年消费量 1 471 亿 m³,我国已成为全球第三大天然气消费国。2013 年天然气表观消费量 1 692 亿 m³,增长 12.9%,其中民用气占比 36% 左右。

从图 5-1 可以看出，2014 年我国天然气产量达到 1 345 亿 m³，天然气消费量达到 1 855 亿 m³．我国天然气产量、进口量和消费量趋势如图 5-2 所示。

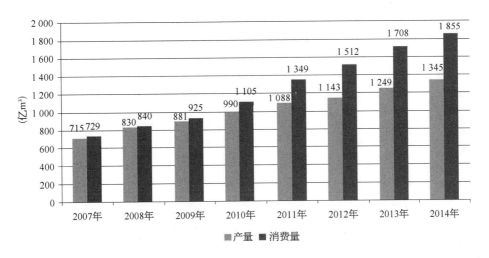

图 5-1　我国天然气产量和消费量（2007～2014 年）

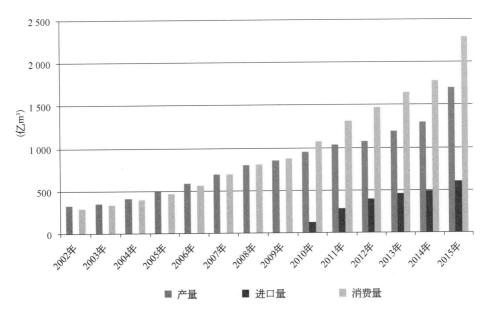

图 5-2　我国天然气产量、进口量和消费量趋势（2002～2015 年）

3) 全国天然气基干管网架构逐步形成

截至 2010 年底，天然气主干管道长度达 4 万 km，地下储气库工作气量达到 18 亿 m³，建成 3 座液化天然气（LNG）接收站，总接收能力达到 1 230 万 t/年，基本形成"西气东输、北气南下、海气登陆"的供气格局。西北、西南天然气陆路进口战略通道建设取得重大进展，中亚天然气管道 A、B 线已顺利投产。基础设施建设逐步呈现以国有企业为主、民营和外资企业为辅、多种市场主体共存的局面,促进了多种所有制经济共同发展。

4）进口天然气不断攀升

我国从 2006 年开始进口天然气,进口量逐年上升,从当年的 0.9 亿 m^3 到 2010 年的 170 亿 m^3,对外依存度达到 15.8%。由于天然气进口通道不断完善,对外依存度不断提高,2012 年国内天然气进口量(含 LNG)425 亿 m^3,增长 31.1%。2013 年,随着中缅管道建成投运,广东珠海、河北唐山和天津浮式 LNG 项目陆续建成投产,西北、西南、海上三条天然气进口通道初步建成,天然气进口量继续快速增长,2013 年我国天然气进口总量达到 530 亿 m^3,同比增长 23.8%,其中 LNG 进口量同比增长 14.3%,达到 1 650 万 t,管道天然气进口量同比增长 31.6%,达到 300 亿 m^3。

5.1.1.2　天然气的发展目标

政府对天然气发展非常重视,《天然气发展"十二五"规划》指出,"十二五"期间将大幅度提升国内天然气产量及消费量,兼顾天然气上游资源勘察开发及下游市场利用,涵盖煤层气、页岩气及煤制气等内容,推动"十二五"期间天然气产业发展。

我国天然气的发展目标如下,"十二五"期间新增常规天然气探明地质储量 3.5 万亿 m^3(技术可采储量约 1.9 万亿 m^3),年复合增长率达 6.70%;新增煤层气探明地质储量 1 万亿 m^3。国产天然气供应能力达 1 760 亿 m^3,年均复合增长率达 13%,其中常规天然气达 1 385 亿 m^3,煤层气地面开发天然气达 160 亿 m^3。到 2015 年,探明页岩气地质储量 6 000 亿 m^3,可采储量 2 000 亿 m^3,页岩气产量 65 亿 m^3。

天然气管网及储气方面,建设主干管网,完善区域管网,加快煤层气管道建设,完善页岩气输送基础设施,稳步推进 LNG 接收站建设。"十二五"期间,新建天然气管道(含支线)4.4 万 km,新增干线管输能力约 1 500 亿 m^3/年;新增储气库工作气量约 220 亿 m^3,约占 2015 年天然气消费总量的 9%;城市应急和调峰储气能力达到 15 亿 m^3。到"十二五"末,初步形成以西气东输、川气东送、陕京线和沿海主干道为大动脉,连接四大进口战略通道、主要生产区、消费区和储气库的全国主干管网,形成多气源供应、多方式调峰、平稳安全的供气格局。

天然气发电用气量将从 2011 年的 232 亿 m^3 上提至 2015 年的 460 亿 m^3,比例将从 18% 上提至 20%,发电用气量年均复合增长达 18.7%,2020 年达 3 000 亿 m^3,到 2030 年将接近 5 000 亿 m^3,这将大大拉动燃气轮机及发电机的需求。

2013 年我国天然气发电装机总量占全国发电装机总量的 3.4%,"十二五"期间,政府有望推动完成 4 200 万 kW 燃气装机容量,从现有的 4.9% 比重提升至 7.5%,其中分布式能源达 800~1 000 万 kW,大规模燃气电站达 3 200~3 400 万 kW。

5.1.2　煤制气的现状与发展

近期政府积极发展煤制合成天然气的生产,批准了 9 家年生产能力超 370 亿 m^3 合成天然气的大型工厂,截至 2012 年,仅新疆正在建设的就有 30 多个煤制天然气项目,技术问题已经解决,管道输送是发展的关键,目前配套管网建设已经进入大规模开展期。

中国石油化工集团公司(简称中石化)在新疆规划了新浙粤管道项目和新鲁管道项目,其中新浙粤管道已经获得国家批准开展前期工作,两条管道计划长度分别为 7 373 km 和

4 463 km。中石油规划建设 14 条煤制气接入支线，总长度 430 km。

2012 年底出台的我国《天然气发展"十二五"规划》明确提出，到 2015 年国产煤制天然气约 150 亿～180 亿 m³，占国产天然气的 8.5%～10%。

5.1.3　液化石油气的现状与发展

2010 年，全年国内液化气产量为 2 030 万 t，进口量为 350 万 t，出口量为 85 万 t，表观消费量到达 2 295 万 t，较 2009 年增长 6.2% 左右。2012 年全国液化石油气（LPG）表观消费量为 2 440 万 t，较 2011 年微增长 1.2%。其中进口 336 万 t，同比跌幅 1.5%；国内产量 2 230 万 t，同比增长 2%；出口 126 万 t，同比增长 7.7%。液化石油气产量、进口量如图 5-3 和图 5-4 所示。

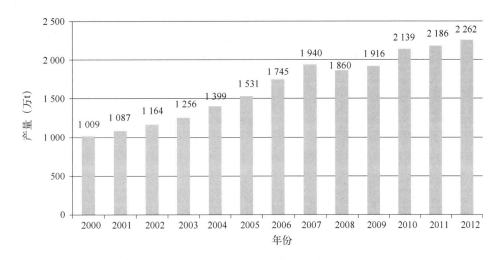

图 5-3　2000～2012 年中国液化石油气产量统计

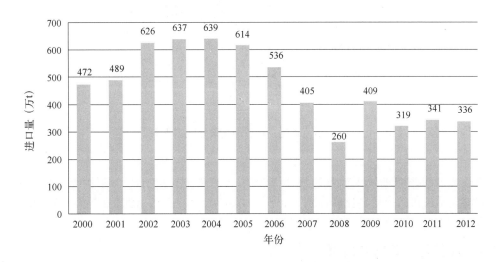

图 5-4　2000～2012 年中国液化石油气进口量统计

5.2　长三角地区燃气现状及发展方向

长三角地区由于经济发展快,能源需求大,是国内城镇燃气利用的集中区,燃气消费量约占全国的1/5。近年来天然气在一次能源中的比例逐年增加,尤其是沿海进口LNG的引进、川气东送工程和西气东输二线工程的建设,都将有力地推动长三角地区天然气的蓬勃发展。

2006年长三角地区天然气供应能力约120亿 m^3 ,其中上海供应量为22亿 m^3 ,目前长三角地区天然气主管网已经建成,形成"西气东输、海气登陆、海外进口、陆气补充"的天然气多元供应格局(图5-5)。2010年长三角地区天然气消费量远超过150亿 m^3 ,其中上海为45亿 m^3 ,江苏为76亿 m^3 ,浙江为32亿 m^3 。液化石油气(LPG)消费不断增长。

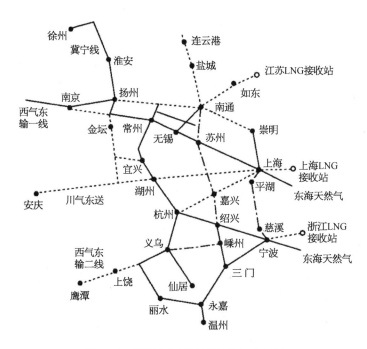

图5-5　长江三角洲地区天然气主干网

2012年江苏发电所用天然气超过45亿 m^3 ,占全省气量的34%,同比增长31%,计划到2015年将天然气机组容量占比提高到10.9%~13.6%,总装机将达到1 200万~1 500万 kW。2012年,浙江天然气发电用气量占总用气量的一半。

5.2.1　江苏燃气现状与发展

2010年江苏实现了76亿 m^3 天然气的供应规模,居全国第二位,占一次能源消费量的

3.54％,根据《江苏省"十二五"能源发展规划》,2015 年将达到 270 亿 m³,占比达到 9.64％。
2010 年江苏天然气消费结构见表 5-1。

表 5-1　2010 年江苏天然气消费结构

序　号	用气领域	天然气用量(亿 m³/年)	比例(％)
1	城市燃气	14.3	18.84
2	工业燃料	30.82	40.59
3	天然气发电	23.01	30.30
4	直供化工	7.8	10.27
合　计		75.93	100.00

　　江苏制定实施了《江苏省"十二五"天然气发展专项规划》,重点建设"西气东输"二号线、三号线、冀宁复线、"川气东送"等干线管道及金坛、刘庄、赵集等配套储气工程,扩大入苏天然气输储能力,支持城市、开发区(园区)以及终端服务商建设应急调峰储气设施。
　　在除煤电以外的清洁能源及综合利用发电装机中,天然气发电占比 35.8％,是江苏除煤电外最重要的发电方式,如图 5-6 所示。

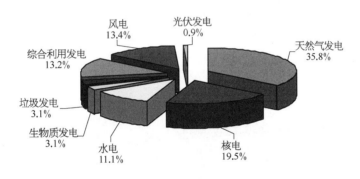

图 5-6　2010 年清洁能源及综合利用发电装机结构

　　主干管道形成四横五纵格局,其中苏南地区两横四纵,苏中苏北地区两横一纵,过江管道两条。截至 2010 年年底,全省城市天然气管道长度约 25 102 km。其中高压 A 级管道约 830 km,高压 B 级管道约 757 km,次高压管道约 187 km,中低压管道约 23 328 km,管道天然气已通达 12 个省辖市的市区和 39 个县城。2015 年江苏天然气需求见表 5-2。

表 5-2　2015 年江苏天然气需求

序　号	用气领域	天然气用量(亿 m³/年)	比例(％)
1	城市燃气	66.1	24.5
2	工业燃料	110.2	40.8
3	天然气发电	80.95	30
4	直供化工	12.76	4.7
合　计		270	100

"十二五"期间,江苏将适度发展天然气调峰发电和燃机热电项目。新建和扩建 6 台 F 级燃机、16 台 E 级燃机,新增天然气调峰电厂和燃机热电厂用气规模约 52.2 亿 m³/年,2015 年,全省向天然气调峰电厂供应天然气约 74.2 亿 m³。

5.2.2 浙江燃气现状与发展

浙江能源对外依存度高达 96%。2010 年浙江省天然气实际供气 31.8 亿 m³,比上年增长 66.6%,其中西气 18.1 亿 m³、川气 12.5 亿 m³、东气 1.2 亿 m³。2012 年天然气消费量 47.2 亿 m³,2013 年天然气消费量 55.5 亿 m³,同比增长 17.6%。

截至 2013 年年底,浙江新增天然气热电联产机组 205 万 kW,占全省新增投产机组的 76.5%。全省累计建成天然气省级管网长输管线 834 km,城市管网 17 955 km,分别比上年增长 38.8%、3.0%。

根据《浙江省"十二五"及中长期能源发展规划》,今后 20 年浙江天然气的消费量将呈快速增长态势,2020 年和 2030 年全省天然气消费分别将达到 400 亿 m³ 和 700 亿 m³ 以上,分别占全省一次能源消费总需求量的 16.8% 和 22.7%。

根据《浙江省天然气管网专项规划》,到 2015 年新开工建设省级天然气管道 1 500 km 以上,建成由"一大环、四小环、多连线"组成的天然气管网,形成全省天然气大环网,管网覆盖除舟山市外的 10 个设区市;到 2020 年省级天然气管道总长达到 4 100 km,形成全省天然气一张网,基本实现"县县通"。浙江天然气引进及主干管网规划如图 5-7 所示。

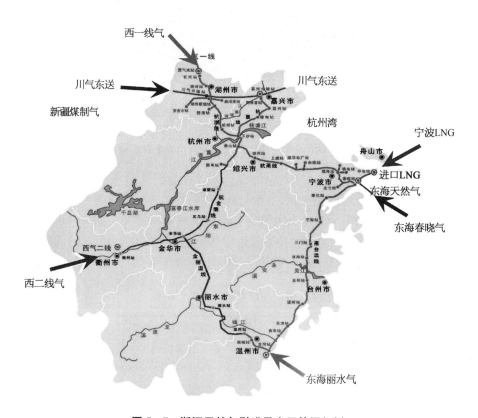

图 5-7 浙江天然气引进及主干管网规划

根据《浙江省"十二五"及中长期电力发展规划》,到 2015 年,浙江总电力装机容量达到 8 800 万 kW 左右,天然气发电和分布式能源装机合计 1 300 万 kW,占 14.8%;到 2020 年,总电力装机容量达到 11 000 万 kW 左右,天然气发电和分布式能源装机合计 1 800 万 kW,占 15.5%;到 2030 年,总电力装机容量达到 14 000 万 kW 左右,天然气发电和分布式能源装机合计 2 300 万 kW,占 15.7%。

5.2.3　安徽燃气现状与发展

安徽天然气使用规模由 2005 年的 1.3 亿 m³ 增加到 2010 年的 15 亿 m³,增长了 10.5 倍。

安徽省"十二五"能源规划指出,按照"多气源、一张网"的原则,规划天然气管网布局,统筹平衡资源。着力开展省内支干线管网互联互通的环网工程建设,以江南联络线、皖北联络线、黄山支线、江南和江北产业集中区支线为重点,全面开展输气管网工程建设,基本实现全省所有市县管道供气。"十二五"期间,新增天然气管道 2 200 km,总里程达到 3 000 km;新增管输能力 100 亿 m³,总能力达到 150 亿 m³。

5.2.4　上海燃气现状与发展

5.2.4.1　上海燃气基本现状

"十一五"期间,上海形成了天然气多气源供应格局。建成了进口液化天然气(LNG)一期、川气东送和五号沟应急气源备用站扩建等气源接收及配套工程;构建起以西气东输和进口 LNG 为主的"4+1"天然气气源格局,成为国内气源结构最为多元化的大城市;形成了以天然气和人工煤气为主、液化石油气(LPG)为辅的燃气供应结构。全市天然气供应总量快速增长,从 2005 年的 18.7 亿 m³ 提高到 2010 年的 45 亿 m³,2013 年仅上海燃气集团天然气供应规模已达 68 亿 m³,如图 5-8 所示。

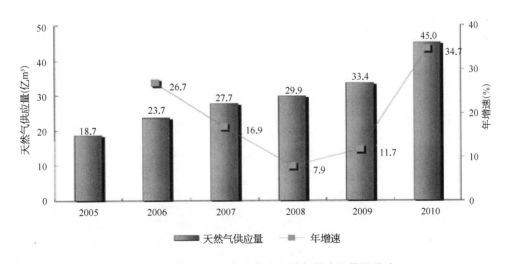

图 5-8　2005～2010 年上海市天然气供应总量及增速

天然气用气量大幅增加,其中发电、化工、钢铁等行业的天然气消费量增长较快。2010年,上海电厂、化工、工业等大用户用气量约占天然气消费总量的44%,比2005年提高了16个百分点。2005~2010年燃气销售量见表5-3。

表5-3 燃气销售量情况

	2005年	2006年	2007年	2008年	2009年	2010年
天然气(亿 m³)	17.49	22.58	26.60	28.37	31.33	42.66
人工煤气(亿 m³)	19.97	19.22	18.48	17.66	14.19	12.85
液化石油气(万 t)	45.26	45.86	50.65	48.57	40.11	40.05

上海燃气集团占上海燃气市场份额超过90%,根据上海燃气集团发布的数据,2011年天然气年供应量达到54.15亿 m³,较上年增长20.7%,其中,西气28.6亿 m³,洋山LNG 20.7亿 m³,东气3亿 m³,川气1.5亿 m³,五号沟LNG 0.33亿 m³。2012年供应天然气62.8亿 m³、人工煤气8.3亿 m³、液化石油气10.5万 t,2013年天然气供应规模已达68亿 m³。

上海天然气主干管网基本建成,建成天然气高压主干管道约600 km,建设城市门站3座。天然气管网覆盖除崇明县外的15个区,如图5-9所示。

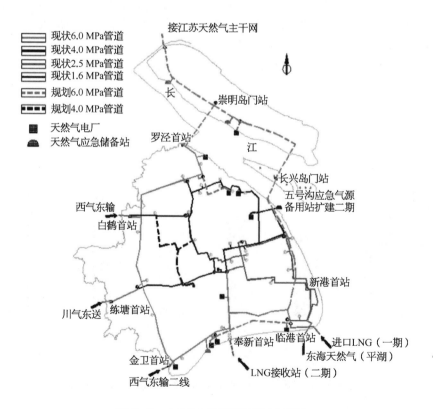

图5-9 上海"十二五"天然气主干网

5.2.4.2　上海燃气发展规划

上海燃气发展基本战略为大力发展天然气,实现人工煤气的稳妥退出,稳定发展液化石油气。"十二五"期间,上海市将会优化一次能源结构,控煤增气,大力增加外来电、天然气、新能源等清洁、低碳能源的供应。优化气源和气网等布局结构,进一步完善多气源格局,增加天然气发电能力。加快优化能源结构,使天然气占一次能源比重从 6.1% 提升至 11% 左右,消费量从 45 亿 m^3 增加到 100 亿 m^3。全市实现管道天然气 100% 覆盖。上海市将会建设一批燃气发电工程,使燃气机组占全市装机比重达到 30% 左右。

提高气源供应和储备调峰能力。建设上海 LNG 二期工程,新建 3 个 16.5 万 m^3 储气罐和第二条海底管道,推进东海平湖油气田改、扩建工程建设,形成进口 LNG、西气一线、西气二线、川气和东海气等组成的多气源供应格局,见表 5-4 和表 5-5。

表 5-4　2010 年与 2015 年上海市天然气气源结构　　　　　　　　（亿 m^3）

年　份	东海天然气	西气一线	西气二线	进口 LNG	川　气
2010 年	3.3	23.7	0	16.3	1.2
2015 年	3.0	23.7	20.0	39.0	19.0

表 5-5　2010 年与 2015 年上海市天然气用户结构　　　　　　　　（亿 m^3）

年　份	城市燃气	大工业	电　厂
2010 年	25.0	10.7	9.1
2015 年	45.1	14.6	37.9

实施江苏经崇明与市区联网工程,加快闵行、崇明等燃气轮机电厂高压天然气专管建设,提高浦东地区管网输送能力,积极支持并推进长三角地区天然气管网的互联互通。2015 年基本完成人工煤气的平稳退出,实现全市管道气的天然气化。推进有关天然气重大体制改革和机制创新,"十二五"期间争取建成国家级天然气交易中心。

根据《上海市电力发展"十二五"规划》,上海将提高清洁能源发电的比例,燃气轮机占市内装机比重提高到约 30%。

根据上海能源中长期发展战略研究,"十二五"时期的燃气发展,将为中远期构建"供需平衡,气源结构合理,应急保障体系完善,与长三角主干管网互联互通的现代化城市天然气体系"打下基础,2030 年上海市天然气占比将上升至 19% 左右,天然气供应规模将达到 200 亿 m^3 以上,为上海"四个中心"和社会主义现代化国际大都市建设提供清洁高效的能源保障。

综上所述,无论是全国还是以上海为首的长三角地区将形成以天然气为主、液化石油气等燃气为辅的燃气供应结构,长三角地区将会大力提高天然气的供给量,扩大天然气供应区域,保证长三角地区燃气供应的充足,发展燃气轮机电厂和区域分布式供能。

5.3 燃料新技术及分析

5.3.1 页岩气技术及分析

5.3.1.1 基本情况

页岩气是指赋存于富有机质泥页岩及其夹层中,以吸附和游离状态为主要存在方式的非常规天然气,成分以甲烷为主,是一种清洁、高效的能源资源和化工原料,主要用于居民燃气、城市供热、发电、汽车燃料和化工生产等,用途广泛。页岩气生产过程中一般无需排水,生产周期长,一般为 30~50 年,勘探开发成功率高,具有较高的工业经济价值。我国页岩气资源潜力大,初步估计我国页岩气可采资源量在 36.1 万亿 m^3,与常规天然气相当,略少于浅煤层气地质资源量(约 36.8 万亿 m^3)。

页岩气开发具有开采寿命长和生产周期长的优点——大部分产气页岩分布范围广、厚度大,且普遍含气,使得页岩气井能够长期地稳定产气。但页岩气储集层渗透率低,开采难度较大。随着世界能源消费量的不断攀升,包括页岩气在内的非常规能源越来越受到重视。美国和加拿大等国已实现页岩气商业性开发。页岩气藏的储层一般呈低孔、低渗透率的物性特征,气流的阻力比常规天然气大,所有的井都需要实施储层压裂改造才能开采出来。另一方面,页岩气采收率比常规天然气低,常规天然气采收率在 60% 以上,而页岩气仅为 5%~60%。低产能影响着人们对它的热衷,美国已经有一些先进技术可以提高页岩气井的产量。中国页岩气藏的储层与美国相比有所差异,如四川盆地的页岩气层埋深要比美国的大,美国的页岩气层深度为 800~2 600 m,而四川盆地的页岩气层埋深为 2 000~3 500 m。页岩气层深度的增加无疑在我们本不成熟的技术上又增添了难度。

我国将基本完成全国页岩气资源潜力调查与评价,建成一批页岩气勘探开发区,初步实现规模化生产,页岩气年产量达到 65 亿 m^3。

“十二五”期间,我国在页岩气开发上的重点任务包括:一是开展页岩气资源潜力调查评价;二是开展科技攻关,掌握适用于我国页岩气开发的关键技术;三是在全国重点地区建设 19 个页岩气勘探开发区。

我国的页岩气进入到大规模商业开发阶段还需要技术、资金、管道和政策上的种种支持,但是页岩气开发各方面的准备工作也已经陆续展开。据《中国页岩气产业勘查开采与前景预测分析报告前瞻》分析认为,我国页岩气开发距离大规模商业化还有 3~5 年的时间,预计我国页岩气产量 2020 年将会达到 500~700 亿 m^3。而由页岩气开发带来的相关技术和服务的市场空间将在 2015 年达到 420~430 亿元。

5.3.1.2 开采与应用技术

页岩气开采与应用技术主要依赖增产与监测两类技术。这两类技术又包含多种适用于不同情况的具体技术,如图 5-10 所示。

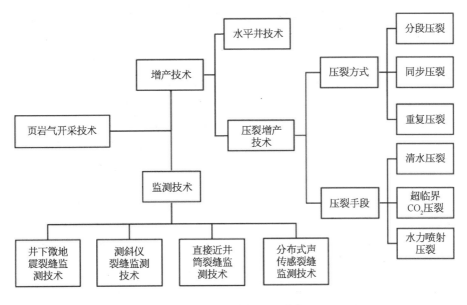

图 5 - 10 页岩气开采技术

水平井技术是通过具有一定柔韧性的钻杆弯曲,在水平方向打井的技术。目前工程上已有内置电机的可转向动力钻具,能够有效增大钻井的倾斜角,减少转向部分钻井长度,增大有效钻井长度,提升生产效率。

压裂增产技术是通过压裂页岩,克服页岩渗透率低、气流阻力大等问题。该技术大致可分为两类,一类是按压裂方式区分,包含分段压裂、同步压裂以及重复压裂。另一类按压裂手段区分,包含清水压裂、超临界 CO_2 压裂以及水力喷射压裂。在实际生产中,人们会依据实际情况,将压裂方式与压裂手段结合起来应用,以达到最佳效果。

目前页岩气脱碳净化处理中主要采用物理吸收法、化学吸收法、变压吸附法(PSA)和膜分离法等。对酸性组分分压较高的原料气常采用物理吸收法,对酸性组分分压低的天然气及其深度净化气常采用化学吸收法,工业应用领域约 70% 的装置采用化学吸收法,近年来变压吸附、膜分离等新型气体分离技术在天然气净化处理中也逐渐得到推广。

5.3.2 可燃冰技术及分析

5.3.2.1 基本情况

天然气水合物(natural gas hydrate)也被称为可燃冰、甲烷水合物、甲烷冰、"笼形包合物"(clathrate),其分子式为 $CH_4 \cdot 8H_2O$。因其外观像冰一样而且遇火即可燃烧,所以被称作可燃冰(flammable ice)或者固体瓦斯和气冰。形成天然气水合物有三个基本条件:温度、压力和原材料。

全球已公开发表并确证的以及推测的可燃冰产地达 155 处,其中 39 处由钻井和岩芯取样确证,其余 116 处则是根据 BSR(拟海底反射层)及地球化学资料推测。可燃冰在世界范围内分布广泛,按地理分布分为海域可燃冰和陆域可燃冰,主要分布在世界三大洋的近海海底、大陆冻土带及内陆湖海中。

美国地质调查局的科学家卡文顿曾预测,约 27% 面积的陆地区域和 90% 面积的海洋区域具备可燃冰形成的条件,全球的冻土和海洋中可燃冰的储量为 3 114 万亿～763 亿亿 m³,全部可燃冰所含有机碳的总资源量相当于全球已知煤、石油和天然气的 2 倍,相当于剩余天然气储量的 128 倍,是世界尚未开发的已知储量最大的替代能源。

2009 年,中国青海发现巨大储量的可燃冰,极具成为替代能源的潜力。青海祁连山南缘成功钻获可燃冰样品,远景储量达到 350 亿 t 油当量。有专家认为,本次发现为中国能源史上仅次于大庆油田的重大发现。专家预计,中国可燃冰资源储量接近于常规石油资源量,约为天然气储量的 2 倍。中国可燃冰资源潜力为 803.44 亿 t 油当量,发展空间巨大。

5.3.2.2 开采技术

由于可燃冰具有清洁、高热值、分布广泛、储量大等诸多特点,科学家预测,可燃冰极有可能成为 21 世纪的化石能源替代者。因此,如何实现高效、环保、高经济效益的可燃冰开采,逐渐成为各国科学家研究的重点。目前主要是以日本、美国、俄罗斯为首的几个国家在重点研究,我国近年来也开始重视对于可燃冰的开采和资源保护。

热激发开采法是直接对可燃冰层进行加热,使可燃冰层的温度超过其平衡温度,从而促使可燃冰分解为水与天然气的开采方法。这种方法经历了直接向可燃冰层中注入热流体加热、火驱加热法、井下电磁加热以及微波加热等发展历程。但这种方法至今尚未很好地解决热利用效率较低的问题,而且只能进行局部加热,因此该方法尚待进一步完善。

减压开采法是一种通过降低压力,促使可燃冰分解的开采方法。减压途径主要有两种:采用低密度泥浆钻井达到减压目的;当可燃冰层下方存在游离气或其他流体时,通过泵出可燃冰层下方的游离气或其他流体来降低可燃冰层的压力。减压开采法不需要连续激发,成本较低,适合大面积开采,尤其适用于存在下伏游离气层的可燃冰藏的开采,是可燃冰传统开采方法中最有前景的一种技术。但它对可燃冰藏的性质有特殊要求,只有当可燃冰藏位于温压平衡边界附近时,减压开采法才具有经济可行性。

其他的开采方法有化学试剂注入开采法、水力压裂法、CO_2 置换开采法、固体开采法等。

总的来说,目前可燃冰的大规模商业化开采存在许多问题,只有技术问题得以完全解决,开采成本大幅度降低,可燃冰作为燃气轮机发电燃料才能推广应用。

5.3.3 液化天然气(LNG)技术及分析

5.3.3.1 基本情况

LNG 是液化天然气(liquefied natural gas)的英文缩写。天然气是在气田中自然开采出来的可燃气体,主要由甲烷构成。LNG 是通过在常压下将气态的天然气冷却至 $-162℃$,使之凝结成液体。天然气液化后可以大大节约储运空间,而且具有热值大、性能高等特点。

据统计,2010 年中国 LNG 年产量达 900 万 t。2011 年随着江苏如东和大连两个 LNG 进口接收站陆续投产,以及国内 LNG 工厂及下游配套设施投产,LNG 的产量进一步大幅增加,2011 年中国 LNG 年产量超过 1 500 万 t。截至 2011 年底,中国已建成投产的 LNG 接收站项目有 5 个,已获国家核准并在建设中的项目有 6 个,随着 LNG 项目的建成投产,我国 LNG 储量将不断增加。

"十二五"期间,作为清洁能源,液化天然气的发展不仅使得能源结构得以改善,同时还可以带动相关技术、设备、新能源汽车等其他产业的发展。随着国内天然气产量的供不应求,国内油企开建液化天然气接收站项目,从海外接收液化天然气以满足国内市场需求。中国工业气体工业协会的统计数据显示,除液化天然气工厂,目前我国已建成 5 座进口液化天然气接收站,其中还有 3 座接收站正在建设中。

5.3.3.2 相关技术

(1) 储存技术:目前世界上 LNG 储罐中,地面储罐数量最多。地面储罐的设计压力可达 0.029 MPa,设计温度为 −170~60℃,抗震设计摩擦系数一般为 0.3~0.6。

地下储罐除罐顶以外,罐体的大部分建在地面以下,LNG 储存的最高液面不超过地面;也有全部建在地面以下的,金属罐外是深达百米的混凝土连续地中壁。

日本的 LNG 地下储罐很多,东京扇岛 LNG 地下储罐容积达 20 万 m^3,金属罐上为混凝土罐顶,用土填平地面后种上草,不见储罐踪影,可防飞机在站区内坠毁等事故。

(2) 运输技术:LNG 运输船是在 −162℃ 低温下远洋运输 LNG 的专用船舶,具有国际公认的高技术、高难度和高附加值,被喻为"世界造船皇冠上的明珠",目前仅少数国家能够建造。

对于一艘新建的 LNG 船而言,一次完整的气试程序包括与岸站通信及卸料臂连接、气体置换、可拆弯头安装与拆除、液货舱冷却、部分装载、卸料臂解除、液货舱之间 LNG 倒驳、锅炉燃烧试验、与岸站通信及卸料臂连接、液货舱卸载、卸料臂解除、可拆弯头安装与拆除、液货舱升温、液货舱惰化以及液货舱通风等环节。

5.4 小 结

本章首先从天然气、煤制气以及液化石油气等各燃气的发展现状与目标进行说明,概括得出我国用于发展燃气轮机的燃气来源具有很好保障性的结论。然后分别对江苏、浙江、安徽以及上海等地区的燃气现状和发展方向进行研究,这为长三角地区发展燃气轮机在燃气方面的掌握和规划提供信息。最后从页岩气、可燃冰和液化天然气等燃料的相关新技术进行了分析,对燃气轮机燃料技术的多样化进行了补充。

第 6 章
燃气轮机知识产权分析

    燃气轮机是一种先进而复杂的成套动力机械装备,是典型的高新技术密集型产品。作为高科技的载体,世界各大公司通过各种手段来保护其知识产权不被侵权,其中申请专利保护是一种有效的方法。

6.1 燃气轮机相关专利分析

从包括中国、美国、英国、日本、德国、法国、瑞士等国家以及欧洲专利局、世界知识产权组织在内的七个国家和两个组织的专利来看,燃气轮机相关专利共有 50 028 件,从 1991 年开始每年的专利申请量都在 1 000 件以上,其中 2009 年燃气轮机年专利产出最多,达到了 2 480 件。由于 2011 年后申请的专利还未完全公开,所以图 6-1 中 2011 年以后的数据仅供参考。

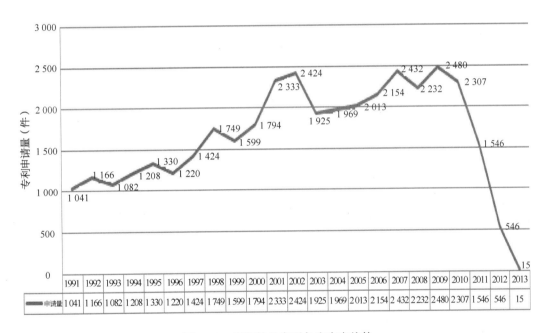

图 6-1　燃气轮机专利年度产出趋势

6.1.1　专利受理区域分析

从专利受理区域来看,在美国申请的专利最多,有 15 361 件,约占专利总数的 31%。其次是日本、欧洲专利局、德国、英国等国家和组织。中国受理的专利 1 984 件,约占专利总数的 4%。

如图 6-2 所示,从专利的发明人或申请人所在国家来看,美国人(机构)拥有 16% 的专利,达 7 855 件,远远超过其他国家。其次是德国、英国、日本、瑞士、法国、中国、加拿大、瑞典和意大利等国。中国人(机构)申请的专利只有 833 件,约占专利总量的 1.7%。

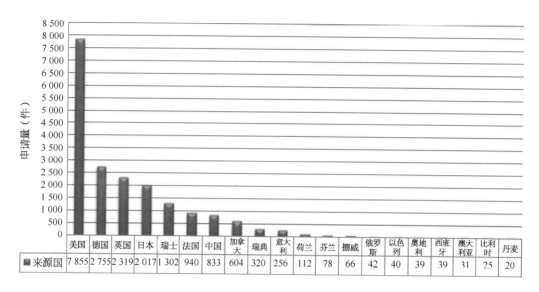

图 6‑2　各国燃气轮机专利申请

6.1.2　专利技术分布

图 6‑3 为燃气轮机的主要专利技术。由表 6‑1 可以看出绝大部分专利保护的是燃气轮机的核心装置和技术，即燃气轮机装置、燃气轮机燃烧技术和控制技术。

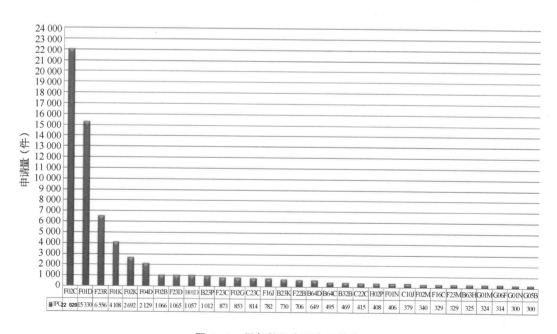

图 6‑3　燃气轮机主要专利技术

表 6-1　燃气轮机专利分布

IPC 号	申请量	百分比	技　术
F02C	22 020	44.0%	燃气轮机装置；喷气推进装置的空气进气道；空气助燃的喷气推进装置；燃料供给的控制
F01D	15 330	30.6%	非变容式机器或发动机
F23R	6 556	13.1%	高压或高速燃烧生成物的产生，例如燃气轮机的燃烧室
F01K	4 108	8.2%	蒸汽机装置；储汽器；不包含在其他类目中的发动机装置；应用特殊工作流体或循环的发动机
F02K	2 692	5.4%	喷气推进装置
F04D	2 129	4.3%	非变容式泵
F02B	1 066	2.1%	活塞式内燃机；一般燃烧发动机
F23D	1 065	2.1%	燃烧器
B01D	1 057	2.1%	分离
B23P	1 012	2.0%	金属的其他加工；组合加工；万能机床
F23C	873	1.7%	使用流体燃料的燃烧方法或设备
F02G	853	1.7%	热气或燃烧产物的变容式发动机装置；不包含在其他类目中的燃烧发动机余热的利用
C23C	814	1.6%	对金属材料的镀覆；用金属材料对材料的镀覆；表面扩散法、化学转化或置换法的金属材料表面处理；真空蒸发法、溅射法、离子注入法或化学气相沉积法的一般镀覆
F16J	782	1.6%	活塞；缸；一般压力容器；密封
B23K	730	1.5%	钎焊或脱焊；焊接；用钎焊或焊接方法包覆或镀敷；局部加热切割，如火焰切割；用激光束加工
F22B	706	1.4%	蒸汽的产生方法；蒸汽锅炉
B64D	649	1.3%	用于与飞机配合或装到飞机上的设备；飞行衣；降落伞；动力装置或推进传动装置的配置或安装
B64C	495	1.0%	飞机；直升机

从发展趋势可见近年来专利增长最多的还是燃气轮机装置、燃烧技术等核心技术专利，如图 6-4 所示。

6.1.3　国内燃气轮机专利情况

中国受理了 1 984 件燃机专利，可以看出在 2001 年以前每年受理的专利不到 40 例，而到了 2011 年快速增加到 240 例，特别是 2000 年以后的增长速度加快，这与我国制定的有关燃气轮机政策有关，基本情况如图 6-5 所示。

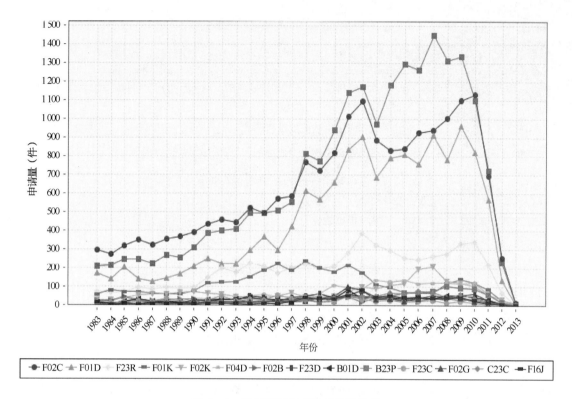

图 6-4 燃气轮机专利技术发展趋势

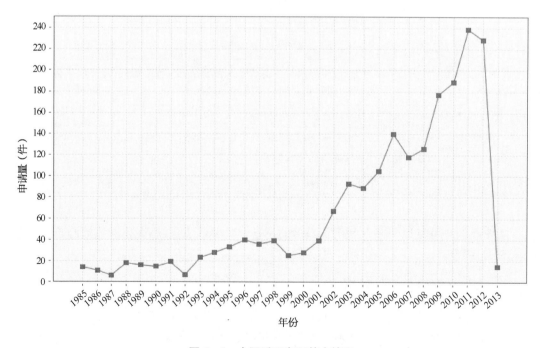

图 6-5 中国受理专利基本情况

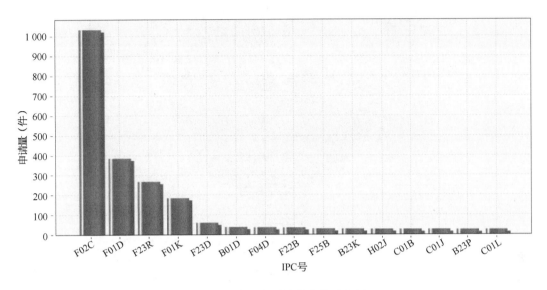

图 6－6　我国专利的技术构成分析

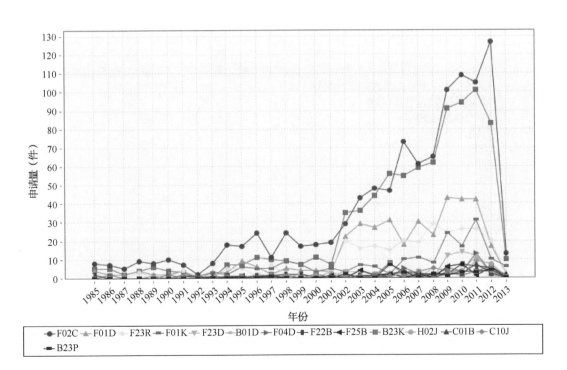

图 6－7　我国专利的技术分析

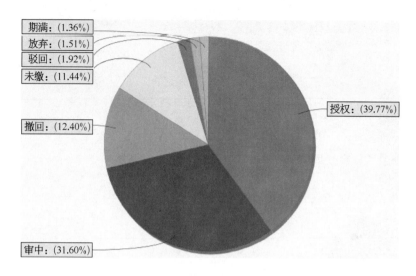

图 6-8　我国专利法律状态分析

我国有关燃气轮机专利申请的授权率偏低,仅 39.8%,另外有 31% 申请的专利还在审核中。尽管我国有关燃气轮机申请的专利总数少,但还是有 12% 左右的专利撤回,说明不具备新颖性,而 11.44% 的专利未按时缴费。我国有效专利技术领域分布如图 6-9 所示。

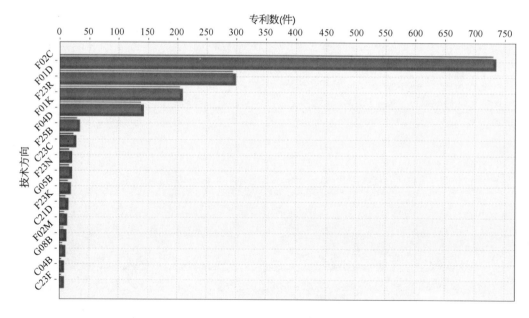

图 6-9　我国专利技术领域分布分析

大部分在我国申请的专利是燃气轮机装置、燃气轮机燃烧技术、辅助装置技术,且专利申请书逐年增加,但涉及核心技术的专利比较少,且其中部分专利为外国公司(美国 GE、日本三菱等)和个人申请的中国专利。

国内申请专利的以研究所和高校居多,如在燃气轮机装置及燃烧技术方面:

(1) 中国航空动力机械研究所申请专利名称为燃气轮机回流燃烧室,其提供了一种燃气轮机回流燃烧室,包括排气弯管外壳体和火焰筒,排气弯管外壳体和火焰筒分体连接,并通过排气弯管外壳体上的内台阶和火焰筒上的外台阶形成的单边止扣配合。

(2) 中国科学院工程热物理研究所申请专利名称为燃气轮机柔和燃烧室及实现方法,本发明公开了一种燃气轮机柔和燃烧室及实现方法,涉及燃烧室技术,该方法使得在燃烧室的燃烧区发生柔和燃烧。

(3) 上海交通大学申请发明专利名称为旋转催化回热型低热值燃气轮机发电方法和切换催化燃烧燃气轮机发电装置,把回热器和燃烧室设计为一体,采用催化燃烧方法实现高效稳定燃烧,NO_x 排放大大降低。

6.2 知识产权的保护措施

目前国外几家燃气轮机巨头掌握了数量巨大的发明专利和商业秘密,有严密的知识产权法律保护体系,在和我国合资合作中(例如打捆招标),一方面向我国转让部分技术,另一方面在我国申请大量燃气轮机专利,形成了专利壁垒,限制关键技术的转移,而我国基本上没有核心专利,燃气轮机自主研发过程中很可能发生知识产权冲突,如何进行规避的问题会越来越突出。

随着国家航空发动机和燃气轮机重大专项的深入推进,我国自主研发的燃气轮机会产生大量的知识产权,为了保护知识产权,首先需要做好保密工作,特别是核心技术。要积极申请中国专利,而且还要申请国际专利和他国专利,以保护我国燃气轮机在我国和外国的合法权益不受侵犯。

我国燃气轮机产业在自主知识产权保护方面存在着很大不足,这对我国燃气轮机企业提升国际市场竞争力及增强整个国家的综合国力都很不利,在现实中就必然要求产业知识产权管理部门建设完善自主知识产权保护的宏观制度体系,单个燃气轮机企业要加速自主知识产权自我保护组织机构的营建,同时燃气轮机产业中介机构也要加强有关知识产权方面的服务工作。

6.2.1 建立制度体系

6.2.1.1 加大保护策略、法规的研究力度

在知识产权保护的方法策略以及法规的研究上,作为国家机器最重要组成部分的政府机构应首当其冲,在统筹、协调各社科研究机构的职能作用、充分发挥学校等学术部门优越性的同时,要在一定范围内借鉴西方国家在知识产权保护方面的先进政策和法规,做到洋为中用、趋利避害,最大限度地创新我国燃气轮机产业知识产权保护方面的国家制度。只有制度研究的力度得到有效提升,宏观制度的保护能力及效果方可成倍放大。

6.2.1.2 成立高效统一的燃气轮机企业知识产权保护部门

当前中国燃气轮机产业的管理还呈现出多头管理的状态,管理机构政出多门,知识产权维系的标准化、专业化程度比较低,难以有效地维护各燃气轮机企业的知识产权法益,因此,可以考虑设立一个专门的燃气轮机产业知识产权保护工作小组,统筹燃气轮机产业的知识产权维系工作,协调各方面的保护策略研究计划,促进相关部门的知识产权立法。

6.2.1.3 全面加强燃气轮机产业知识产权立法工作

自《中华人民共和国专利法》实施以来,我国燃气轮机产业专利权的保护取得了一定的成效,但相关专利的保护仍然存在很多问题,我国可以在结合国内实际情况的基础上借鉴西方,并在将来的立法中给予积极有效的回应。

6.2.1.4 加大知识产权法的宣传力度,提高执法的质量

加大知识产权法的宣传力度,培养企业的知识产权意识,切实做到企业在必要时能够诉诸法律,维护自身的知识产权法益。

6.2.2 提高保护能力

自主知识产权的保护不能仅仅依靠国家法律来调控,燃气轮机企业要努力成为自主知识产权保护的主体,发挥企业的主观能动性,化被动为主动,实现企业从自发到自觉保护自主知识产权的转变。具体可以从以下几个方面开展:

6.2.2.1 加强专利申请,完善专利申请策略

首先,燃气轮机产业专利权的内容是相当丰富的,单个企业完全可以通过专利申请来建立企业一定程度上的垄断,同时也便于保护企业免受他人的专利侵权指控。其次,在实施专利战略时应避免盲目,需讲究策略。企业应当在及时掌握主要竞争对手的专利情况、避免自己陷入被动的基础上,明确自己专利申请的目的,之后再从申请内容及申请时间上确定专利申请的策略。

6.2.2.2 完善管理机制

企业的知识产权管理,就是企业规范知识产权工作,充分发挥知识产权制度在企业发展中的重要作用,运用知识产权的特性和功能,对企业的知识产权的开发、保护、运营而进行的有计划的组织、协调、控制和利用活动。完善管理机制具体包括下面几个环节:

1) 构建完善自主知识产权管理组织结构

为了更好地管理知识产权,燃气轮机企业应当建设完善的知识产权管理组织。

(1) 知识产权管理组织主要由知识产权管理人员、管理信息系统、管理规章制度组成。

(2) 应当遵循如下原则:目标、任务明晰原则,命令统一原则,专业化原则,责权对等原则,管理幅度的原则,稳定性与效率性相结合的原则。

(3) 关于燃气轮机企业知识产权管理机构的设置,还没有形成固定的模式,当前全行业知识产权管理机构的基本模式具有代表性的主要有三种:直线式组织、职能式组织和矩阵组织。

2) 明确知识产权管理机构的职责

知识产权的核心内容就是专利,因此燃气轮机知识产权管理部门应当以保护、促进和使

用专利为主要职责。根据我国燃气轮机产业的发展状况,再结合西方燃气轮机企业的相关经验,我国燃气轮机企业自主知识产权机构的主要职责应从如下几个方面加以强化:

(1) 对企业专利归属的认定和管理。

(2) 明确仿制、模仿的合法性范围。

(3) 对自主知识产权的使用和保护制度。

(4) 对企业员工知识产权意识的培养。

(5) 知识产权纠纷以及诉讼的处理。

3) 构筑具有知识产权内涵的企业文化

具有知识产权内涵的企业文化的塑造能够唤起员工对知识产权保护重要性的认识,增强企业知识产权管理的紧迫感,实现企业向知识产权保护的学习型组织的转变。

6.2.2.3　重视自主创新能力

从燃气轮机知识产权的角度来看,自主创新包括:基本发明创新、核心技术创新、改进发明创新、设计创新和传统知识创新五种创新模式。

当前,国内燃气轮机产业之所以自主知识产权数量少,归根结底在于对自主创新能力的重视程度不够,尽管各国燃气轮机工业的发展过程中都存在着相互模仿、相互借鉴的历史,但这个过程必定有一个合理性与度的限制,否则产业的发展会受到严重阻碍,企业也会为这种不利影响付出巨大代价。

6.2.3　加强中介服务

燃气轮机产业自主知识产权除了通过法律、行政手段、企业自身管理机制等途径维护外,燃气轮机相关学会和协会、知识产权联盟、专利代理机构等中介机构也要加强燃气轮机知识产权的服务工作。

(1) 一些相关的燃气轮机学会和协会作为联系政府和企业的桥梁和纽带,应当加强贯彻国家在知识产权方面的政策,及时反映其会员在知识产权方面的愿望以及要求,以更好地维护燃气轮机企业知识产权方面的利益。

(2) 专利代理机构要充分发挥其在燃气轮机企业专利服务上的优势。作为专门从事受委托为他人办理专利申请或办理其他专利事务的服务机构,应当充分发挥其在知识背景、工作经验以及对技术创新的各个关键环节的较好把握等方面的潜力,同时也要注意在适当的时候提高专利申请的策略,进一步增进其对燃气轮机企业专利综合服务上的优势能力,更好地帮助燃气轮机企业维护自身的专利权益。

6.3　小　　结

针对我国燃气轮机发展基本上没有核心专利以及燃气轮机自主研发过程中很可能发生知识产权冲突等问题,本章分别从燃气轮机专利受理区域、技术分布等方面进行了总结和分析，提出我国在燃气专利申请方面的弱势以及面对的挑战。然后从建立健全知识产权保护的宏观制度体系、提高企业的综合保护能力以及加强燃气轮机行业中介有关知识产权的服务工作等方面提出了燃机专利保护措施，这对我国燃气轮机企业提升国际市场竞争力及增强整个国家的综合国力具有重要的指导意义。

第 7 章
燃气轮机发展建议

我国燃气轮机发展的总体目标是统筹和充分利用国内科研、设计、制造资源，尊重和组织运用好目前研发工作的阶段性成果。重型燃气轮机是燃气轮机发展的重点，中小型燃气轮机的发展可以参照重型燃气轮机。

7.1 燃气轮机发展目标

我国重型燃气轮机的发展目标是开展 F 级 60 MW、300 MW 燃气轮机研发工作,利用 5 年的时间,研制出 F 级 60 MW 燃气轮机,实现产品化;利用 10 年左右的时间,研制出自主品牌的 F 级 300 MW 重型燃气轮机,建成示范电站,实现自主化和产业化;利用 20 年左右时间,完成 G 级、H 级重型燃气轮机技术自主开发,实现系列化发展的目标;形成完整的燃气轮机自主研发、设计、验证、制造、应用和运行维护的科技体系、工业体系和可持续发展能力,跻身世界燃气轮机强国行列。

燃气轮机发展计划的实施将深入落实产业发展战略,分三个阶段推进燃气轮机产业发展。

第一阶段为 2015～2018 年,需完成的任务与目标见表 7-1。

表 7-1 第一阶段任务目标

序号	任　　务　　目　　标	完成时间(年)
1	初步建成燃气轮机关键技术研发体系	2018
2	初步建成燃气轮机设计平台	2018
3	掌握 F 级燃气轮机关键部件设计	2018
4	初步建成关键部件实验平台	2018
5	建设燃气轮机总装基地	2018
6	建设关键部件基地,实现关键部件自主制造突破	2018
7	完成 60 MW 燃气轮机样子制造、试车,并建设试验示范电站	2018

第二阶段为 2018～2023 年,需完成的任务与目标见表 7-2。

表 7-2 第二阶段任务目标

序号	任　　务　　目　　标	完成时间(年)
1	制定燃气轮机产业标准和规范	2023
2	建成燃气轮机设计平台	2023
3	完成 F 级 300 MW 燃气轮机整机及关键部件设计	2023
4	建成全尺寸、高参数、大流量关键部件实验平台	2023
5	完成 F 级 300 MW 燃气轮机样机制造	2023
6	具备 F 级 300 MW 燃气轮机关键部件制造及批量供货能力	2023

（续表）

序号	任务目标	完成时间（年）
7	完成 F 级 300 MW 试验示范电站建设	2023
8	初步形成燃气轮机技术服务体系	2023

第三阶段为 2023～2030 年，需完成的任务与目标见表 7－3。

表 7－3　第三阶段任务目标

序号	任务目标	完成时间（年）
1	完成 F 级 300 MW 燃气轮机整机试验和技术完善	2030
2	形成 F 级 300 MW 燃气轮机产业化	2030
3	完成 G/H 级燃气轮机关键部件的研制	2030
4	完成 G/H 级燃气轮机样机设计及制造	2030
5	形成燃气轮机系列产品的自主创新体系	2030
6	形成完善的燃气轮机技术服务体系	2030

在此基础上开展未来先进燃气轮机关键技术的研究，燃气轮机产业总体达到国际先进水平，进入燃气轮机强国行列，实现燃气轮机产品的系列化发展。

7.2　燃气轮机发展技术路线

7.2.1　研究内容

燃气轮机发展研究内容主要包含研发与设计、关键部件试验验证、基础与共性技术研究、总装与系统总成、高温部件制造、仪控平台及控制系统、关键部件制造、调试与服务、实验电站与示范电站建设等九个方面。

7.2.1.1　设计研究

设计方面总体设计（包括总体结构设计、总体气动性能设计、冷却与密封空气系统设计、运行规律及调节控制方式设计等）、压气机设计、透平设计、燃烧室设计、控制系统设计、轴系设计、强度与振动以及可靠性设计、专用设计及计算软件开发、关键辅助系统设计。

7.2.1.2　关键部件试验验证

关键部件试验验证主要包括压气机整机及中小型试验台、燃烧室全参数及降压模化试验台、透平性能试验台、高温叶片冷却技术试验台、燃气轮机转子动态试验台、燃气轮机控制装置半物理仿真试验平台。

7.2.1.3　基础与共性技术研究

基础与共性技术研究的内容是指总体技术理论与实验研究、压气机设计理论与实验研究、低污染燃烧室设计理论与实验研究、透平设计理论与实验研究、设计软件技术研究、控制理论与技术研究、振动、寿命与可靠性关键基础技术研究、材料及性能研究、大尺寸定向结晶与单晶叶片定向凝固技术、叶片加工及焊接热处理等技术工艺研究、热障涂层技术。

7.2.1.4　总装与系统总成

总装与系统总成即重型燃气轮机总装及样机制造、重型燃气轮机厂内空负荷试验。重型燃气轮机整机总装设备包括：燃气轮机总装台位、转子装配台位、数控平面磨床、数控车床、数控台式钻床、砂皮磨床、数控立式铣床等。重型燃气轮机厂内空负荷试验台包括：试验台位、启动装置(6 000 kW 的变频启动电机)、进排气系统、气体和液体燃料模块、压缩空气模块、润滑油及控制油模块、天然气和燃油供应系统、冷却水系统和起重、运输设备及测量控制、安全监控系统等。系统集成包括燃气轮机辅助系统的配套。

7.2.1.5　高温部件制造

高温部件即燃烧室部件、高温叶片机械加工及涂层、精密铸造单晶及定向结晶高温叶片。

7.2.1.6　试验电站与示范电站建设

试验电站与示范电站建设的任务包括试验电站建设、燃气轮机及联合循环整机的试验验证及试验平台能力的扩展、示范电站建设。

7.2.2　技术路线

7.2.2.1　重型燃气轮机发展的总体技术路线

（1）集中力量突破关键技术，这些技术包括：高性能压气机技术；多种燃料的清洁高效燃烧技术；以高温涡轮叶片为代表的高温部件的材料、涂层、冷却技术；总体设计技术和控制技术。

（2）走完基础研究、应用研究、关键技术攻关、设计制造、部件试验、总装调试、示范运行等全过程，为制造有自主知识产权的燃气轮机打下坚实基础。

（3）积极开展基础研究，基础研究应有针对性、有强烈应用背景，为燃气轮机技术可持续发展提供保证。

7.2.2.2　具体执行时相关研究的技术方案

1）总体设计

总体设计是燃气轮机核心技术之一，可在国际合作或引进有经验的高端专业人才基础上，立足于自主开发。同时为降低技术风险，也应利用现有的技术条件和计算能力，充分吸收引进的大功率 F 级燃气轮机总体结构设计特点，根据总体要求，来制定总体设计方案和技术路线。F 级重型燃气轮机主要技术参数见表 7-4。

表 7-4　F 级重型燃气轮机主要技术参数

压气机总压比	18	压气机总效率(%)	87	燃气轮机功率(MW)	300
燃烧效率(%)	98	燃烧室出口温度(℃)	1 400	燃机热效率(%)	38
透平效率(%)	90	燃机排气温度(℃)	560	联合循环热效率(%)	58

2）压气机研制

压气机研制可利用国内的压气机技术研发基础,联合攻关,实现自主研发设计。可以参照国外的发展路线,采用军民结合方式,部分移植航空发动机的最新技术。也可以利用国内现有的研发基础,进行全新的压气机设计,开发新的压气机叶型及母型机,满足 F 级 300 MW 等级燃气轮机的技术要求。压气机总体性能见表 7-5。

表 7-5 压气机总体性能

总压比	18	入口流量(kg/s)	710
裕度(%)	10	效率(%)	87
级 数	16		

3）燃烧室研制

燃烧室的研制可采取两种方式:

（1）加强与国外公司合作,在超低污染等关键技术方面共同开发,研究成果可通过市场化机制进行分享,但知识产权由中方拥有。

（2）立足自主开发的方式。目前国内多家单位在国家重大科研项目支持下,对适用多燃料的燃气轮机燃烧室进行了大量的试验研究工作,为 F 级燃气轮机燃烧室的自主开发奠定了良好的基础。

燃烧室总体性能见表 7-6。

表 7-6 燃烧室总体性能

燃烧效率(%)	98	总压恢复系数	0.95
透平初温(℃)	1 400	NO_X 排放指标($\times 10^{-6}$)	<25
贫油熄火过量空气系数	>25	燃烧室寿命(h)	≥24 000

4）燃气透平研制

我国已有丰富的透平设计经验,透平通流部分设计可立足于自主研制,但燃气透平的技术难点是透平叶片冷却与换热技术、高温叶片的材料与工艺。透平总体性能见表 7-7。

在叶片的冷却与换热研制方面,也存在两种方式:一种是力争与国外公司合作开发透平叶片冷却技术,中方拥有知识产权。另一种是加强基础研究和试验设施建设,立足自主开发。

表 7-7 透平总体性能

透平级数	4	燃气初温(燃烧室出口温度)(℃)	1 400
透平功率(MW)	570	透平气动设计效率(%)	91
透平排气流量(kg/s)	750	透平排气温度(℃)	560

5）燃气轮机转子及控制系统等其他关键部件

在燃气轮机转子及控制系统等其他关键部件方面,国内已具有一定的基础和条件,可立足自主开发。

7.3　国内燃气轮机发展建议

发展区域经济是我国今后工作的重要部分,把培育新的区域经济带作为推动发展的战略支撑,积极支持东部地区经济率先转型升级,依托黄金水道建设长江经济带,推进经济一体化,形成新的区域经济增长极。

针对燃气轮机发展的特点,结合国家发展区域经济的战略,提出我国及长三角地区燃气轮机发展四个方面的建议。

7.3.1　体制机制

7.3.1.1　采用"市场经济,举国体制"

这种举国体制具有以下特点:

(1) 能充分利用现有基础,调动各方面(官、产、学、研)(军、民)的优势,能举全国之力,形成巨大的合力。

(2) 有很强的管理能力,善于把复合问题科学地分解,化整为零,逐一突破,又善于把分散的成果综合集成,形成整体的辉煌;它不仅会组建产业链,而且能从科学技术的上游取得强有力的支撑。

(3) 有强有力的人才高地为依托,具有吸引和整合全国高端技术人才的能力和长效管理机制。

(4) 有畅通的筹资融资渠道,并确保资金的有效利用。

(5) 有条件和能力开展广泛的国际合作。

(6) 能够调动中央和地方的积极性,尤其是所在地区的有力支持,包括资金税收、土地、人力资源、配套政策等。

7.3.1.2　发展模式

具体的发展模式是成立燃气轮机发展责任主体,该责任主体应向国家负责,统筹燃气轮机基础研究、研发、设计、制造、总装调试、示范运行等工作。以责任主体为载体,实行"共同参与、共享成果",整合我国及长三角高校、科研机构燃气轮机资源,实现国产燃气轮机的自主开发。

责任主体(图 7-1)下属:若干个主机厂,若干个专业化部件生产厂,研发设计基地,整机试验基地及重要部件试验基地。

7.3.2　发展对策

燃气轮机发展的具体对策可以归纳如下:

7.3.2.1　统筹我国及长三角地区的燃气轮机发展

根据国家燃气轮机重大专项和市场需要,成立推进燃气轮机发展领导机构,制定发展燃

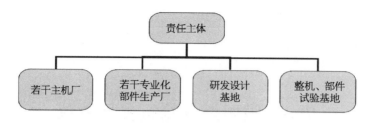

图 7-1 燃气轮机发展模式框架

气轮机产业的方针政策,确立燃气轮机产业发展的技术路线,制定近、中、远期燃气轮机发展规划,统筹我国及长三角区域各方面相关资源,为燃气轮机专项的建设实施提供组织保障。

7.3.2.2 出台发展燃气轮机产业配套政策

出台促进燃气轮机产业发展的配套支持政策,从货款、税收、融资、土地、人才等方面为燃气轮机发展提供政策保障和支持。

7.3.2.3 推动开放式自主创新,加强国际合作

应该发挥国际合作优势,促进国际技术合作与交流,积极吸引国际燃气轮机相关产业链企业落户,推动燃气轮机发展开放式自主创新。

7.3.3 发展路线

我国及长三角地区燃气轮机发展路线、实施方案可以归纳如下:

7.3.3.1 技术路线

(1) 集中力量突破关键技术,这些技术包括:高性能压气机技术,多种燃料的清洁高效燃烧技术,以高温涡轮叶片为代表的高温部件的材料、涂层、冷却技术,总体设计技术和控制技术。

(2) 走完基础研究、应用研究、关键技术攻关、设计制造、部件试验、总装调试、示范运行等全过程,为制造有自主知识产权的燃气轮机打下坚实基础。

(3) 积极开展基础研究,基础研究应有针对性、有强烈应用背景,为燃气轮机技术可持续发展提供保证。

7.3.3.2 实施方案

(1) 研发设计实施方案:以上海电气、清华大学、上海交通大学和南京汽轮电机(集团)有限责任公司等实力较强的单位燃气轮机研发设计资源为基础,整合我国及长三角地区高校、科研机构燃气轮机资源,开放式地吸收国内外的技术力量,联合东方电气、哈尔滨电气、清华大学、中国科学院等机构的研发力量及全球资源,建成世界先进的燃气轮机关键技术开发、应用技术研究、试验验证、应用示范平台,形成完整、先进的燃气轮机自主设计体系。

(2) 专业配套实施方案:充分利用我国及长三角地区的专业生产厂家,以无锡叶片厂、江苏永瀚公司及杭州汽轮动力集团有限公司等为基础,建立完善的专业设备配套体系。

(3) 实验平台及实验电厂实施方案:充分利用国内、国际现有实验平台基础,不能满足时将在上海临港建设实验基地。实验电厂依托电力公司。

(4) 制造基地实施方案:不自建制造基地。在必要情况下,对我国及长三角地区现有的燃气轮机制造能力进行扩建,主要针对先进大型地面发电用燃气轮机,兼顾不同功率需求的

舰船驱动用燃气轮机,形成航机改型、舰船工业化以及专用化产品制造基地。

7.3.4 人才培养

加紧燃气轮机专业人才的培养,建立稳定的人才队伍。

(1)加快科技人才的培养和补充是当务之急:建议有关高校应该加强燃气轮机教师队伍建设,加大燃气轮机专业的教育投入,加大创新人才培养力度。

(2)加强在职技术人员培训与在职深造,选派到外国有关公司学习深造,完善科研院所的科研设施。

(3)积极推动地方政府制定相应配套人才计划,给予户籍或居住证等配套支持保障,快速打造国际化研发团队。

发展燃气轮机产业,要实现以产业需求引领,推行开放式自主创新,走举国体制与市场机制相结合之路。中国(上海)自由贸易试验区的贸易和投资便利化,很容易在人才、资金、技术、产业等方面形成集聚效应,有着其他地区无法比拟的优势,更加有利于吸引国际化高端人才,更加有利于金融资本的流动,能够为燃气轮机产业发展提供前所未有的资金、人才、产业集聚优势,必将推动燃气轮机产业的跨越式发展。

附　　　录

附录1 上海漕泾热电有限责任公司
燃气轮机发展状况

1. 概况

上海漕泾热电有限责任公司(简称漕泾热电公司)于2004年3月10日在上海市化学工业区联合路69号(C3-2地块)注册成立,公司成立之初主要经营生产电力及热力,按供热合同向上海化学工业区和相邻地区的购热方供应和销售热力,按购售电合同向购电方销售电力电量,生产并销售其他相关产品。

漕泾热电公司为中外合资,上海电力股份有限公司、胜科、申能股份有限公司和上海化学工业区发展公司分别控股36%、30%、30%和4%,2005年12月开始商业运行,到2013年已形成高、中压管线约56 km。

公司总投资32亿元人民币,建设总工期19个月,处于行业先进水平。1号机组从燃气轮机就位到首次点火仅用了5个月零9天。2号机组燃气轮机点火并网、汽机冲转并网、168 h考核试运行均一次成功,从燃气轮机首次点火到完成168 h满负荷试运行考核仅用25 d。这些都创造了9FA燃机安装调试的全球新纪录。

公司采用以生产热为主、电力为辅的联合生产方式,符合国家能源环保政策,是国家鼓励发展的产业。公司的主要服务和产品为蒸汽(热)、电和除盐水,额定发电出力658 MW,最大发电出力692 MW,额定供热出力920 t/h,最大供热出力1 028 t/h,外供除盐水500 t/h。机组热效率能够达到70%以上的较高水平,在实验状态最大能够达到81.12%。公司2012年的发电量已达到40.47亿kW·h,运行15 052 h,热耗则降低到10 381 kJ/(kW·h)。

2. 主要设备和成果

1) 燃气联合循环机组

漕泾热电公司使用的是两台GE9FA燃气-蒸汽联合循环机组,每台机组包括一台燃气轮机、一台蒸汽轮机以及一台余热锅炉,以天然气为燃料,燃油作为辅助燃料。两台机组可产电65.8万kW及蒸汽660 t/h,其中蒸汽分为高压4.6 MPa和中压2.5 MPa两种。

机组采用以热定电的运行方式,机组带额定负荷稳定工作,运行效果较高。GE机组不适应调峰,在频繁启停的状态损害较大,并且压气机金相为马氏体,较易于腐蚀,在2008年6月珠江电厂、2008年9月戚墅堰、2010年张家港均出现过一级叶片断裂的事故,叶片根部也曾发生磨损,使得叶片抬起,剐蹭到气缸。

2) 快速启动锅炉

快速启动锅炉作为备用进行蒸汽生产,可在两分钟内快速启动供汽。公司有三台110 t/h的快速启动锅炉作为热备用,能快速运行至满负荷110 t/h,生产5 MPa、315℃的高压蒸汽,通过厂区总管道输出到热网。锅炉燃料以天然气为主,轻油备用。

3）应急煤锅炉

公司有两台 130 t/h 蒸汽容量的应急煤锅炉，以煤为燃料，提供额外的蒸汽，提高热网系统的可靠性。

3．经济性分析

公司在 2005 年投运伊始即盈利 7 千万元，之后每年都能够有 1~2 亿元的盈利，股东投入的 7.99 亿元在 2012 年全部收回。从公司 2005 年投产以来，供电标煤耗已从 297.69 g/(kW·h)降低到 218.17 g/(kW·h)，发电厂用电率由 4.26% 下降到 1.92%。若按每度电节约 50 g 煤计算，发 100 亿 kW·h 的电，相当于节约 50 万 t 标煤，减少二氧化硫排放量 289.87 t，减少 NO_x 排放量 6 800 t。2012 年公司 1、2 号机组分别运行 7 524 h 和 7 528 h，启动次数均为 12 次，可用率都在 94% 以上。

公司生产的蒸汽供给上海化学工业区，占盈利的 80%。蒸汽采用自主定价，包括固定价格和变动价格两部分，其中固定价格用于分摊投资，变动价格则根据燃料和制水的价格变化进行调整。

公司以热定电，不参加竞价上网。电价也分为容量电价和电量电价两部分，其中容量电价由装机容量乘以 2 500 h 再乘以 0.2 元/(kW·h)得到，电量电价则根据上网定价。公司用气占到上海市发电总用气量的一半，平均每 1 Nm³ 天然气可以发出 6 kW·h 以上的电力。在 1 Nm³ 天然气价格还是 2.22 元时，电量电价为 0.46 元，公司 1 kW·h 电能够盈利 1 分左右。而随着天然气价格的上涨，由电产生的利润减少，现在 1 Nm³ 天然气需要 2.62 元，虽然电量电价也涨到 0.51 元，但公司只能有约 0.1 分/(kW·h)的微利。公司的赢利主要依靠供热。

4．维护维修及技术创新

公司充分利用外部资源，动力岛自主运行而 BOP 及应急供热锅炉则委托运行，设备维护委托检修公司。燃气轮机采用 GE 公司 CSA 长期合约式服务，大小修则通过招标外委。由于燃气轮机在负荷低于 70% 的情况下，效率下降很快，因此机组在负荷低时会选择只开一台。机组实行在线动态压力检测，频繁孔窥检查并每年 3 次增强型孔窥检查。压气机每天在线水洗 10 min，每运行 2 000 h 进行离线清洗。进气滤芯严格按照 GE 相关标准执行检查和更换，并对进气质量进行评测，包括盐分、尘等各种腐蚀介质。机组的检修时间是 8 000 h，而机组曾有过运行时间超过检修时间 800 h 的例子。一次检修一般要更换 3~4 片叶片，更换的叶片可以进行返修并继续使用直至报废。

在技术方面，公司是亚洲首家进行燃烧系统 DLN2.6＋升级改造工程的燃气轮机电厂，改造后公司能够有效地降低燃烧排放，排放量由目前的 50 mg/Nm³ 降到 20~30 mg/Nm³，将远远低于火电厂大气污染物排放国家标准 50 mg/Nm³（GB 13223—2011）。公司还对压气机叶片进行了测频，并着手开发能够根据燃料热值的变化、环境温度的变化自动进行燃烧调整，使得燃烧性能始终保持最优的软件。

5．发展存在的问题

燃气轮机目前存在的问题是设备和服务依赖国外公司，定价很高，一套热端部件设备价格就在 2 千万美元以上，且每年有 2%~4% 的涨幅。一次小修的人工费需要 25 万美元，中修 45 万美元，大修 68 万美元，而燃机一个大修周期（48 000 h）内全程服务价格需要 7 千万美元（合同日汇率 8 元/美元），成本却只占 30%~40%。究其原因就是国外的技术垄断，国内没有替代产品，缺少有能力提供售后服务的公司，致使国外公司可以随意定价。漕泾热电公司十分支持技术开发和部件的国产化,如果国内有替代产品,这些设备的价格可以下降40%～50%。

国内的燃气轮机主要通过与外资的合作进行生产制造,没有知识产权,受到很大的限制。而通过不断地消化吸收,国内燃气轮机的研究在热力计算、燃机振动以及强度方面有所进展,但燃烧方面的问题还有待解决,包括保证燃烧稳定和调整燃烧状态的技术。针对国内技术落后的局面,会议提出可以集中力量重点解决占燃机总成本45%热端部件的设计和制造,生产出制造高温叶片的毛坯,可以降低整个燃气轮机的成本。

目前国内使用的燃气轮机热端部件仍由国外公司进行加工制造,国内企业只有生产冷端部件的能力,但还未能够生产出符合技术标准或是放心可靠的产品,尤其是高温叶片。与西门子合作的上汽厂已经实现自主销售,但自主采购仍难以达成。可先加工制造涡轮末几级温度较低的叶片,使其实现国产化,再逐步向高温叶片发展、攻关。

燃气轮机电厂尽管调峰能力比较强,但是频繁启停对燃气轮机损伤很大,作为基本负荷运行经济性好而且燃气轮机寿命长。

附录2　南京汽轮电机(集团)有限责任公司燃气轮机发展状况

1. 概况

南京汽轮电机(集团)有限责任公司(简称南汽)原名南京汽轮电机厂,创建于1956年1月,1995年11月变更为国有独资有限责任公司,2004年10月改制为宁港合资企业。公司占地42.5万 m²,在岗员工2 115人,主要生产设备1 600余台,其中精、大、稀设备190余台,年综合生产能力达1 000万 kW。主产品有重型燃气轮发电机组及燃气/蒸汽联合循环发电设备、热电联供汽轮发电机组和大中型同步、异步交流电动机。

南汽从20世纪80年代中期开始与美国GE公司建立了燃气轮机合作生产关系,合作生产6B(42 MW)系列燃气轮机。成功研制开发出的低热值气体燃料PG6581B—L型高炉煤气燃气轮发电机组已在吉林通化钢铁集团有限公司和济南钢铁股份公司投入运行,机组的机械性能、可靠性指标和环保指标均为优良。2004年7月,该机组通过了由中国机械工业联合会组织的专家组(包括两位院士在内)的鉴定,从而填补了国内空白,为推动我国钢铁工业企业实现清洁生产、发展循环经济作出了贡献。公司在天津滨海电力有限公司运行的S106B燃气/蒸汽联合循环发电机组和为苏丹吉利电厂制造生产的S206B燃气/蒸汽联合循环发电机组,其技术经济指标已达到国外同类水平。2004年6月,公司与GE公司签订了更高功率等级的9E(125 MW等级)燃气轮机技术转让协议。随后双方组成联合体参加国家燃气轮机电站项目招标并中标,开始了9E燃气轮机的生产和独立销售,从而使公司跻身于国家重要发电设备生产厂行列,成为我国目前生产9E燃气轮机的基地之一,奠定了在国内大型燃气轮机制造领域"3+1"的地位。

2. 主要产品和成果

南汽是以燃气轮机、蒸汽轮机、发电机、大中型电动机、风力发电机为主导产品的国家机械工业大型企业。在 20 世纪 60 年代初,国内第一台发电用燃气轮机就诞生于该公司。公司有主要生产设备 1 700 余台,装备有大型数控落地铣镗床、数控卧车、数控立车、数控转子铣槽机等精大稀设备 213 台;拥有 6B 系列燃气轮机(40 MW 等级)和 9E 燃气轮机(125 MW 等级)燃气轮机整机试车台、发电机与大型电动机整机试车台、透平调节部套试验站、100 t 及 50 t 高速动平衡机等大型试验设施,具有很强的大型精密加工及检测试验能力;主要的产品有重型燃气轮机 6B、9E 系列发电机组及燃气/蒸汽联合循环发电设备、热电联产汽轮发电机组和风力发电机、大中型交流电机,电站设备年综合生产能力超过 1 000 万 kW。

南汽从 1975 年开始生产 23 MW 燃气轮发电机组,经国家投资 1.8 亿扩建,设立了燃气轮机研究所,形成了科研、设计、生产重型燃气轮发电设备的综合能力,当时仿造 3 台 GE5000kW 系列燃气轮发电机组,建立了较好的基础,由于没有足够的天然气,造成燃气轮发电机组发展的大大延误,从事燃气轮机的技术人员流失。1984 年与美国 GE 公司建立了 6B 系列燃气轮机(40 MW 等级)合作生产关系,2004 年引进 GE 公司技术开始生产 9E 燃气轮机(125 MW 等级),2012 年又与 GE 公司签订了 6FA 燃气轮机(70 MW 等级)技术引进协议。迄今累计生产销售 6B、9E 燃气轮机近百台套,并大都组成高效节能的燃气/蒸汽联合循环电站,产品除满足国内需求外,还出口到东南亚、南亚、非洲、中东等地区。

南汽的汽轮机产品采用全四维通流技术设计制造,单机功率 6～330 MW,涵盖凝汽式、抽气式、背压式、抽气背压式等 160 多个品种,从中、高压参数简单循环发展到超高压、亚临界参数再热式循环,主要应用于热电联供及联合循环电站,并涉及工业驱动、垃圾发电、生物质发电以及钢铁、冶金、化工、水泥、玻璃等行业余热余能回收利用。

南汽的发电机产品为燃气轮机、汽轮机配套,单机功率 6～350 MW,20 世纪 80 年代引进英国 BRUSH 公司空冷无刷励磁技术,在消化吸收引进技术并汲取众家之长后,自主研发出 QF、QFW、QFR 等多个系列产品和 TRT 高炉余压回收透平装置,并全面采用定子线棒 VPI 少胶绝缘结构和整机 VPI 浸漆工艺,质量可靠,性能卓越。公司大中型交流电动机品种齐全,单机功率 130～5 000 kW,电压等级 380 V、6 000 V、10 000 V,与压缩机、水泵、风机及水泥机械等配套,广泛用于矿山、钢铁、石化、水泥及水利等行业。

2007 年,南汽介入风电领域,为主机厂配套生产风力发电机定子,后引进德国 VEM 公司成熟技术生产 1.5～2 MW 双馈异步风力发电机,2010 年位于江宁科学园的风电制造基地建成投产,目前风力发电机年产量 1 000 多台,以技术先进、结构紧凑、安全可靠立信市场,现已成为美国 GE 公司风电合格供应商。

3. 发展主要特点和优势

1) 专业队伍

南汽在燃气轮机领域拥有一支燃气轮机的专业队伍,长期从事燃气轮机的工作。

20 世纪 80 年代以后的 20 年,由于油气供应严重短缺,不允许燃油、燃气发电,仅保留了南汽,其他制造企业全部落马。哈汽、上汽、东汽、南汽联合研制的 17.8 MW 川沪输气管线燃气轮机,因能源政策调整而未能投产。在这期间,人才培养和国家研发投入基本停止,人员和技术流失,但南汽在研究燃气轮机领域还保持着一支专业研究队伍。

2）南汽在制造生产 6B、9E 燃气轮机方面具有优势

1984 年与美国 GE 公司建立了 6B 系列燃气轮机(40 MW 等级)合作生产关系,到目前为止,已经生产 71 台。2004 年引进 GE 公司技术开始生产 9E 燃气轮机(125 MW 等级),到目前为止,已经生产 18 台。2012 年与 GE 公司签订了 6FA 燃气轮机(70 MW 等级)技术引进协议,6FA 燃气轮机由 GE 牵头设计和生产,效率为 35.5%,到目前为止,已经生产 2 台。

3）试车和检修方面的优势

南汽拥有自己的试车台,可以进行 GE 公司 6B 燃气轮机发电机组和 9E 燃气轮机发电机组整机测试和试验,具有近 100 台 6B、9E 燃气轮机的试车经验,具备了独立试车和故障处理的能力,掌握了运行、强度振动测试和处理技术,在长三角地区试车实验方面具有比较雄厚的实力,在检修热部件等方面也有优势。

4）服务和检修方面基础雄厚

南汽在服务和维修方面基础雄厚,研究所具有 6 个部门,其中 4 个部门负责燃气轮机服务,1 个部门负责燃气轮机维护,1 个部门负责其他业务,是全国最早的燃气轮机维护、检修基地。具有完整的安装调试、检修、维修维护的能力。南汽现在拥有现场调试检修人员 60 多名,可以完成现场调试、接线、查线等各项工作。培养了大批的调试检修人员,其中 9 个人已经成为 GE 的调试技术组的技术骨干。南汽在服务和维修具有明显的价格优势,在国内的机组整个调试期间,南汽的调试人员 200 元/天,GE 的调试人员 10 000 元/天,因此 GE 公司已经退出 6B、9E 燃气轮机的维修业务。

4. 发展主要问题

1）具备一定的生产能力,没有掌握核心部件的制造技术

燃气轮机转子、喷嘴、燃烧室、轮控盘(计算机控制系统)等部件由 GE 公司提供,南汽按照 GE 公司图纸进行缸套的生产,其余部件配套及整机的装配和试车。

2）技术人员主要从事制造、调试、维修等方面的工作,没有进行设计研发工作

技术人员力量比较薄弱,目前在设计部里基本都是 80 后,现在没有消化某一个技术的专业队伍。

3）缺乏研发的平台和软件基础

南汽在基础研究和技术研发方面已经和中国科学院、清华大学合作了一些"863"等重大项目,没有开发实质的软件,不能解决燃烧系统设计、燃烧过程控制、压气机的特性等问题,也没有形成自己的维修维护标准。对于压气机特性方面的研究,虽在压比和转速的模化计算方面进行过研究,但结果不能用于实践。

4）自主研究受到外方的限制

根据与 GE 公司的合作生产协议,燃气轮机转子、喷嘴、燃烧室、轮控盘(计算机控制系统)等部件由美国 GE 公司提供,其余部件按 GE 公司图纸、规范和标准进行生产、装配。整套机组工厂试验数据经 GE 公司认可后出厂。压气机特性都是在程序里固化,GE 不允许改动,必须购买他们的产品,燃烧系统若是购买其他厂家的产品,则要付价格的 6.5% 给 GE,资料不允许给别人,现在也没有专门的人员在消化燃烧系统。

5）利润占比低

据南汽有关人员透露,MS9001E 燃气轮机投资不包括发电机在内,投资大概在 1.5 亿～1.6 亿人民币,压气机整个部件大概占据 6000 万左右,转子、透平、动叶、喷嘴大概占据 480

万欧元,燃烧系统占据120～130万美元,控制系统占据45万美元左右,其他的都是国产化,所得的利润相对比较低。

5. 燃气轮机发展建议

1) 在体制机制上可参考日本燃气轮机发展的模式

首先是测量仿制,国家组织高校、研究所和企业对关键技术进行攻关,企业实施生产制造和产业化。在现有的基础上,国家应组织高校、研究所和企业对关键技术进行攻关,民营企业也可以参加,应确定高校、研究所和企业的目标,明确技术研究和产业化实施的具体阶段和路径。国内上海在燃气轮机发展方面具有良好的机制和模式,市政府重点支持民用航空、燃气轮机等战略性新兴产业的发展。上海有组织大项目的丰富经验,管理能力高,人才引进到位,资金有保障,适合国际化合作,具有优越的软硬环境,可为燃气轮机提供国内最优的体制、政策、资金、人力资源和社会保障,在燃气轮机领域的生产、应用、配套等方面,具有良好的基础和综合优势。

2) 国家应在共性基础研究和实验装备方面进行投入

我国燃气轮机产业研制能力薄弱,几乎所有技术掌握知识产权都要攻关其核心技术。国家应突破燃气轮机的基础科学问题和关键技术,包括高效率、高性能的通流部分设计技术、燃烧技术、先进的冷却技术、高温热部件的材料、制造工艺、涂层保护技术、高转速机械轴系稳定性、总能系统的优化技术、先进控制技术等。同时在实现燃气轮机的自主化制造过程中,也应注重在燃气轮机关键部件压气机、燃烧室和透平冷却的实验装备和厂房等方面投入大量的资金。

3) 从燃气轮机产品导向型和市场导向型两方面完善燃气轮机产业链

从产品导向型产业链出发,应建立从基础研究—研发—设计—制造生产—销售服务燃气轮机全产业链。可参考国外的燃气轮机产业链的发展模式,政府部门参与制定统一的发展先进燃气轮机及其联合循环的计划,应在资金上和政策上给予优惠的支持,以便集中指导并协调优势力量攻克难关。在燃气轮机产业的核心设计和制造环节中,应支持上汽、哈汽等企业发展成整个产业链的垄断性企业,通过技术研发、合并重组等手段发展出掌握研发、生产、销售三大环节垄断性企业。从市场导向型产业链出发,应综合考虑燃气轮机产品的特点、燃料供给、场地规划、产品应用需求等因素,提升天然气的产量和消费量,推动基于燃气轮机的分布式能源系统和联合循环的产能。国内城市中上海具有雄厚的工业基础,如冶金、机械制造、发电设备、用户等,具备生产燃气轮机完整的产业链。

附录 3 　无锡透平叶片有限公司燃气轮机发展状况

1. 概况

无锡透平叶片有限公司(WTB)始建于1979年,是上海电气(集团)总公司旗下的核心国有控股上市企业。公司主营业务为电站叶片和航空锻件的工艺开发和制造,是能源和航空领域国内领先、全球知名的高端动力部件供应商。

公司位于无锡惠山经济开发区,占地面积 23 万 m^2,拥有航空锻造和叶片制造两个事业部,总资产 20 亿元。2011 年公司销售收入为 10 亿元。

公司经过 30 余年的产业实践,凭借先进的工艺技术和专业化管理,在电站大型涡轮叶片国内市场上的综合占有率达 80% 以上,具备百万等级超超临界汽轮机、百万机组大叶片的工艺开发及制造能力。在能源领域,公司已成为国内三大电气公司的战略供应商,更优质服务于 GE、东芝、三菱、西门子、阿尔斯通、BHEL 等全球多家著名电气公司。

公司有职工 700 多人,其中大专以上学历占 54.3%,有博士 2 人、硕士 30 人、本科生181 人。设有江苏省企业院士工作站和博士后科研工作站。公司自 2008 年起,立足主业、拓展主业,利用在能源领域建立起的优势,积极向航空领域拓展业务,业务范围包括:发动机风扇叶片、机匣锻件、盘锻件及飞机结构件等。在航空领域,公司已成为中航工业集团总公司所属各发动机公司、飞机公司以及中国航天科技集团公司、中国航天科工集团所属各企业的重要合作伙伴。WTB 还通过与 GE 公司、RR 公司的合作,开启了海外航空业务。

2. **制造能力**

WTB 拥有 80 余台国际先进的五坐标数控叶型加工中心,多台先进的数控强力磨床,还配备 10 余台三坐标测量仪、叶片表面喷丸设备、司太立合金片钎焊机、激光表面处理和智能机器人抛光等先进的专业工艺和检测设备,具备年产 30 万片以上各类叶片的制造能力。

在高端制造领域,WTB 从德国引进三台高能螺旋压力机:SPKA22400 离合器式螺旋压力机,最大压力为 35 500 t,2008 年引进;SPKA11200 离合器式螺旋压力机,最大压力为18 000 t,1994 年引进;HSPRZ630 螺旋压力机,最大压力 4 000 t,并配有 3 150 t 预成型压力机、630 t 预成型快锻机、3 150 t 整形切边机、直径 8 m、6.5 m 大型燃气转底加热炉以及各类电加热炉等配套设备,形成了三条全球先进的电站叶片和航空部件精密锻造生产线,具备了国内领先的航空难变形材料领域的变性成型和核电超长叶片制造工艺能力。

3. **燃气轮机建设**

1) 燃气轮机热部件项目

2013 年 10 月,上海电气以 WTB 为主体,向上海市国资委上报计划,启动透平叶片产业化项目。此项目立足国家燃气轮机重大专项的实施,目标是生产涡轮叶片成品,项目总投资1.5 亿,其中设备投资 8 000 万,这些设备将安置在新建的 2 000 m^2 的燃机涡轮叶片车间。项目的技术支持来源于欧洲和国内的专业生产商和科研单位,包括法国的 SULZER 公司、北京理工大学、六一一研究所等单位,WTB 与上述单位共同研发热障涂层的喷涂技术,特别是 ECD 和 ECM 喷涂技术;项目的市场主要来源于七〇三研究所、上海电气、东方电气和华清公司等;此外 WTB 是国家能源局挂牌的我国首批建设的 16 个国家能源研发(实验)中心,有一定的政策优势。

在 WTB 现有能力的基础上,补充燃机热部件的加工工艺研发和实验能力,满足国家自主知识产权燃气轮机热部件加工工艺研发和试制需要。项目将在 2016 年批量生产,项目投资共计 3.5 亿,其中设备投资 2.8 亿,技术投资 7 000 万元。

2) 技术能力

公司建有国家能源大型涡轮叶片研发中心(NEBC),是国家能源局批准的首批 16 家研发中心之一。研发中心围绕国家重大装备技术升级,针对叶片及关键动力部件的制造技术开展研究,以提升我国重大装备自主创新能力和核心竞争力,强化对国家能源重大战略任务、重点工程技术支撑和保障,服务全行业。

NEBC 的主要研究方向包括:材料塑形成型与控制技术、难变形材料及工艺技术、表面处理及特种工艺技术、精密切削及控制技术、叶片专有特性技术等。主要有 6 个实验室,分别是:材料、锻压、特种工艺、涂层、切削和叶片特性实验室,这些实验室拥有国内领先的工艺研究及试验设施、检测设备,具备对各种材料产品进行化学成分及金相分析、力学性能测试、无损探伤、频率测试和三维精确测量等完整的检验测试能力。

3) 发展方向

WTB 具备全套压气机叶片开发、研制和批量生产的能力,此外还能生产最大直径1.2 m的压气机盘和涡轮盘,还可以生产机匣和环形件。公司正在准备研发涡轮叶片的喷涂工艺。他们的发展目标是成为燃气轮机系统集成部件供应商。

4) 合作

WTB 与中船重工七○三研究所合作生产 GT30 的叶片。公司期望在这个合作的基础上,继续开展合作,拓展 5~50 MW 系列机组,应用到西气东输、分布式能源等领域以及部分军品业务。

WTB 还与新苏集团、华中科技大学无锡研究院合资建设专业加工工厂,引进国际最先进的专业叶轮叶盘数控加工设备 8 台,其中首批引进斯特拉格斯 STC1250、NB251 机床各两台,满足机匣、环形件及叶轮叶盘加工。

4. 发展存在的问题

经过座谈和综合调研,调研组认为 WTB 存在以下问题:

(1) 具备较雄厚的产品加工能力,但是缺乏产品设计能力和从事设计工作的技术队伍。

(2) 只能生产轻型的燃气轮机轮盘,不能生产重型的燃气轮机轮盘。

5. 燃气轮机发展建议

根据 WTB 的现有条件,对于重型燃气轮机的生产制造,建议紧跟市场需求,按照市场需求安排研发和生产,目前先做好轻型燃气轮机的生产制造工作。

对于高温叶片涂层的加工制造,目前的计划中只考虑了引进设备,还要考虑生产规范、工艺标准等问题,但计划的时间不够充足。

附录 4　江苏永瀚特种合金技术有限公司 燃气轮机发展状况

1. 概况

江苏永瀚特种合金技术有限公司(简称江苏永瀚)是永大科技集团的全资子公司,注册成立于 2011 年 10 月 14 日,专业从事镍基/钴基等特种合金精密铸造及其加工制造,企业性质为有限责任公司,注册资本(实收资本)1亿元人民币。公司坐落于无锡新城工业安置区;其母公司永大科技集团是一家以工业产业生产制造、饭店旅游房地产置业、光纤安防系统和城市燃气投资经营为发展方向的多元化、综合性民营企业集团,集团拥有职工 2 500 余人,总资产近 20 亿元。

江苏永瀚项目一期建设占地面积 39 570 m²,总建筑面积 28 608 m²,其中生产区建筑面积 17 904 m²。2013 年一季度完成基建、设备调试和生产技术准备,2013 年上半年进行等轴、定向合金产品的试生产和小批试制。

江苏永瀚以成熟的大型复杂结构件的精密铸造技术,近净成型精密铸造技术,大尺寸等轴、定向、单晶特种高温合金的精铸技术为其技术优势,涉足燃气轮机部件制造、工业燃气轮机热部件制造领域,从事燃气轮机发动机进气增压器,大型电厂发电用工业燃气轮机的透平叶片,分布式发电站、石油/天然气长输管线压缩输送用轻型工业燃气轮机热部件,煤、气联合循环工业燃气轮机热部件,及医用人工关节植入件等精铸件的生产制造。江苏永瀚的产业发展战略为以特种合金近净成型精密铸造技术为核心,通过三个周期的建设,逐步发展成为具备蜡模模具、陶瓷型芯模具的设计、加工能力,陶瓷型芯的生产加工能力,精密铸件机械加工制造和以热等静压技术为主的后期热处理能力的工艺成套加工、技术全面的零件和部件成品的生产、研发型企业。江苏永瀚根据国内外电力、油气输配产业的发展形势需要,项目一期发展规划投资 7.8 亿元人民币,筹建一个国内规模较大,以工业燃气轮机热部件精密铸造及其机械加工,年产燃气轮机发动机增压器 4 万套,工业燃气轮机等轴、定向透平叶片及单晶叶片 3.5 万片的特种高温合金制件的生产型企业。

2. 主要特点和优势

1) 引进人才(技术团队)

江苏永瀚引进了国内外高温叶片铸造生产行业的专家团队,其中外专家 16 人,这些专家均是欧美生产超高温合金叶片的知名企业刚退休或即将退休的高级管理、技术精英,以个人身份提供生产等轴晶、定向凝固/单晶组织的叶片和复杂结构件全部工艺技术、设计技术和控制技术,负责筹建成功工业化生产定向、单晶合金叶片及其他复杂零部件的精铸企业。这些专家大多在欧美知名企业工作 35 年左右,担任总体设计、总体工艺、各道工艺的技术或生产管理负责人,其中博士有 3 个,技术人员相对稳定。

2) 引进生产设备

在国内航空叶片制备专家的建议下,在 ITT 团队专家的指导下,购买了精密铸造及相关设备 173 台,其中 123 台为进口。

(1) 引进国外全套最先进的压蜡机、蜡模检测设备;建立日产 100 模组及以上的现代化蜡模成型车间。

(2) 引进国外全套最先进的制壳生产线,机械手操作的等轴、定向制壳线,单晶制壳生产线,建立日产 100 模组及以上的制壳车间。

(3) 引进国外先进的熔炼设备,包括 2 台等轴熔炼炉、1 台定向熔炼炉、1 台单晶熔炼炉,建立日产 50 模组的金属真空熔炼铸型车间。

(4) 引进国外先进的铸件全套后处理设备,建立日处理能力为 100 模组及以上的铸件后处理车间。

(5) 引进国外现代化的检验、试验设备,建立特种合金在线检测线和产品试验室。

3）引进高温合金叶片制造的关键技术

（1）高温合金叶片等特殊零部件的精密铸造的工艺结构的设计技术。

（2）高温合金叶片等零件的铸造熔模压注蜡设计技术及蜡模制造工艺技术。

（3）高温合金叶片等零件的陶瓷型芯的设计、型芯固定、型芯制造技术。

（4）高温合金叶片等零件的模壳制备技术。

（5）高温合金叶片等零件的定向合金、单晶合金的定向凝固工艺技术。

（6）高温合金叶片等零件的热处理技术。

（7）高温合金叶片等零件的铸后处理及焊接技术。

（8）先进的高温合金叶片类零件的质量检测技术。

4）企业的生产能力雄厚

（1）具有年产 2.5 万件定向和单晶空心叶片、5 万件等轴多晶叶片的工业化生产能力。

（2）国产化高温合金叶片工业化生产的工艺技术、工艺参数、质量标准、管理规程，确保定向单晶叶片的合格率不低于 80%；定向单晶空心叶片合格率不低于 75%；其平均成本将比国际同类企业低 15%～20%；已生产出 600 mm 和 280 mm 等轴涡轮叶片，350 mm 单晶空心叶片，计划今年的 12 月份出叶片检测报告。

3. 发展存在的主要问题

（1）江苏永瀚是特种合金精密铸造的民营企业，能够进行等轴、定向及单晶叶片毛坯铸造，但是目前技术还被国外专家掌握。只进行了等轴叶片的试制，还没有定向和单晶叶片的试制，也没有对实验结果进行评估，目前没有产品。

（2）国内的技术人员还没有掌握叶片毛坯铸造技术，如果国外的技术人员回国，国内的技术人员如何掌握技术、技术掌握程度都是问题。

（3）公司现在背负的包袱很重，现在需要造血的本领，公司要有自己的产品。

4. 江苏永瀚燃气轮机发展的措施和建议

（1）加强人才培养。利用 5 年的培训合同期，建立可以独立制备和工艺方案设计的技术队伍。通过红利奖励稳定技术队伍，表现好的可以享受 10% 的红利，利益和风险共享。还要长期留住外国专家，成立专家委员会，对研究和工艺进行指导。

（2）叶片毛坯进入市场的建议。建议把做出来的单晶叶片毛坯给西门子做检验。在重型燃气轮机的市场，毛坯占据 1/4 的价钱，投资多，现在只有上海电气西门子合资厂自主销售，可以买叶片毛坯来加工。船用和工业用燃气轮机市场，可以直接由七〇三所采购。

（3）建议燃气轮机重大专项的热部件基地建在长江三角洲，包括毛坯厂、加工企业以及用户，燃气轮机的开发条件有待进一步的完善，应看清燃气轮机重大专项的形势。

（4）建议动员全社会力量，鼓励民营企业参加。燃气轮机的发展和关键核心技术的攻破，应靠政府支持，产学研、用户需求相结合，充分利用现有的基础，调动各方面（官、产、学、研）（军、民）的优势，形成巨大的凝聚力，攻破燃气轮机核心技术难关。

附录 5 中国船舶重工集团公司第七〇三研究所 无锡分部(简称七〇三所无锡分部) 燃气轮机发展状况

1. 概况

七〇三所无锡分部成立于 1983 年,是由国家经委、国防科工委、国家计委以经防〔1983〕349 号文批准建立的中国舰船及工业用燃气轮机研究发展中心试验站,1990 年建成竣工并通过验收。

七〇三所无锡分部主要从事船舶燃气轮机、燃-燃或燃-柴联合动力装置等船舶动力系统、电力系统和蒸汽动力辅机系统的总装及试验研究;从事工业用燃气和蒸汽动力装置及其设备、电站、热能工程、核电站应急电源系统和自动控制系统等的应用研究、设计和成套供应。

七〇三所无锡分部目前占地面积 90 000 m²,科研生产建筑面积 40 000 m²,其中,试验室面积约 24 000 m²,试验配套设施约 6 000 m²,科研办公配套面积约 10 000 m²。设有试验测试事业部、热能动力事业部两个专业研究部门和科技计划处、质量管理办公室、行政办公室三个职能部门。现有在职职工 180 余人,其中:研究员 15 人、高级工程师 40 人、工程师40 人、初级职称 40 人、熟练技术工人 30 人;行政管理和后勤保障人员 15 人。

七〇三所无锡分部历经 30 年的建设和发展,在各级机关和领导的支持下,经过科研人员的艰苦奋斗,不仅圆满完成了多型国防科研试验和建设任务,而且发挥专业和技术优势,不断开拓创新,形成了分部独特的专业优势和相应的基础能力。“十五”以来,七〇三所无锡分部完成了我国多型船舶动力、电力装置的研制生产任务,在船舶动力、电力系统设备成套、总装和试验等方面积累了丰富的经验,培养和锻炼了一批专业化的技术研发队伍,形成了一定的技术和人才优势,并已成为军用船舶动力系统、电力系统、蒸汽动力辅机系统总装及陆上联调试验基地。

七〇三所无锡分部燃气轮机方面试验条件:

1) 试验室

(1) 燃气轮机可靠性试验室(101#)。该试验室建于 1990 年,面积 3 800 m²,有三个10～40 MW 级的燃气轮机单机试验台位,行车 50 t/10 t 和 32 t/5 t 各一台。现建有 2 个试验台,其中一个用于科研机的科研性试验和可靠性试验,另一个用于装备机的出所验证试验。

(2) 重拆装车间(102#)。该车间建于 2001 年,面积 1 500 m²,行车 32 t/5 t。为5～10 MW 级中小型燃气轮机拆装场地。

(3) 辅船动力试验室(103#)。该试验室建于 2005 年,面积 2 500 m²,行车 50 t/10 t。具备两个 5～10 MW 级的燃气轮机单机试验能力。目前正在进行某小型燃气轮机联调试验。

（4）动力系统综合试验室（105＃）。该试验室建于 2013 年，建筑面积 11 000 m²，试验室共三跨，其中东跨：行车 125 t/50 t，面积 30 m×48 m，设备基础平台 21 m×40 m（带 T 型槽导轨），具备四个 10～40 MW 级的燃气轮机单机及四机并车试验能力，目前将用于某大型燃气轮机 4×25 MW 动力装置联调试验。西跨：行车 100 t/20 t，面积 27 m×48 m，设备基础平台 18 m×40 m（带 T 型槽导轨），具备两个 10～40 MW 级的燃气轮机单机试验能力，已用于某大型燃气轮机发电机组试验。中跨：行车 160 t/50 t，面积 24 m×48 m，设备基础平台 18 m×40 m（带 T 型槽导轨），具备两个 5～10 MW 级的柴油机联调试验能力。

（5）燃气轮机总装车间及总装零配件仓库（110＃）。该仓库建于 2009 年，燃气轮机总装车间面积 2 600 m²，具备同时进行 2 台 10～40 MW 级燃气轮机的分解、总装能力；同时建有用于储存燃气轮机总装用零配件的仓库。

2）燃气轮机试验公用系统

七〇三所无锡分部具备目前国内功能最完善、配套最齐全、容量最大的燃气轮机试验公用系统。

（1）燃油系统：拥有 2×250 m³ 储油罐，并建有完整的供油管路系统。能够满足各类燃气轮机试验的供油要求。

（2）循环水系统：采用闭式循环、高位水塔恒压供水。循环水系统总容量为 15 800 t/h，水源为市供自来水。

（3）电力系统：采用互为备用的两回进线的供电方式，主供 2×10 kV/2 500 kV·A，备供 10 kV/500 kV·A。

（4）压缩空气系统：各试验场地均独立配置空压机及空气后处理系统，以满足不同燃气轮机试验的用气要求。

（5）电负载系统：现有各类低压交流水电阻和可调电抗器共 42 台套，总功率分别达到 30 MW 和 27 000 kvar；拥有中压 4 000 V 直流 30 MW 级干式负载，能够满足大功率燃气轮机发电机组的试验要求。

（6）测功系统：拥有 6 台不同功率档次（5～60 MW）的高低速水力测功器，能够满足不同种类的燃气轮机单机及联调试验的负载要求。

3）试验技术

七〇三所无锡分部是我国舰船燃气轮机试验研究基地，拥有两个专业研究部门和 100 余名燃气轮机、热能动力、动力机械、自动控制、电气等专业的科研设计人员。近年来七〇三所无锡分部已完成了某新型燃气轮机科研、可靠性试验约 2 500 h；累计完成了 40 多台套的燃气轮机及修复机组总装、分解和性能及出所试验，共约 2 000 h 试验；并完成了多项以燃气轮机为主的大型动力系统联调试验。完全掌握了燃气轮机的试验运行和控制技术，已成为舰船动力系统、电力系统陆上总装联调试验基地。

2. 检测、检验、检修和服务特点

（1）七〇三所无锡分部具备完整的质量体系和计量检验体系，拥有多类计量检验设备和数套成熟的燃气轮机监测系统，特别是燃气轮机总装试验的检测设施、数据采集代表了我国燃气轮机行业水平，并在各类燃气轮机试验过程中完成了整机特性和参数的检测。

七〇三所无锡分部拥有成熟的燃气轮机调试、试验团队，具有丰富的调试试验经验，完成了某大型燃气轮机近百次的调试试验工作;并参与完成了约 30 台套的某大型燃气轮机现场调试、服务工作和多轮次的燃气轮机舰员司机培训工作。

(2) 其他特点。七○三所无锡分部具备独立进行大型燃气轮机分解、总装的能力。拥有 2 600 m² 的燃气轮机总装车间(建于 2009 年),具备同时进行 2 台燃气轮机的分解、总装能力;拥有 1 000 m² 的总装零配件库,可满足燃气轮机总装分解用零配件储存需求。燃气轮机安装团队先后圆满完成了某大型燃气轮机科研、装备、修复机组几十次的分解、总装及试验台安装任务。

3. 优势和建议

(1) 在工业用和船用燃气轮机整机试验和调试方面有明显优势,有多个 10～40 MW 级的燃气轮机单机试验台位及配套设施。

(2) 建议联合 WTB、江苏永瀚及上海电气,形成江苏永瀚生产等轴和单晶叶片铸件、WTB 加工、七○三所无锡分部试验的合作关系。